"十四五"普通高等教育本科部委级规划教材

U0149722

电脑服装效果图软件应用教程

殷　薇◎主　编

毛柳微　林晓华◎副主编

中国纺织出版社有限公司

内　容　提　要

本书共分为六章，分别介绍了服装效果图基本概论、电脑服装效果图设计软件基础、电脑服装效果图人体表现技法、电脑服装效果图基础表现技法、服装材质的表现、服装效果图绘制图例和分解步骤等内容。本书对于电脑服装画的各种表现技法配以上百余幅图片并进行详细阐述，由浅到深、从基础到综合地运用，针对电脑服装效果图这一独特的画种分类进行示范教学。

本书既可以作为高等院校服装与服饰设计专业学生的教材，也可以作为服装设计人员及服装爱好者学习的参考用书。

图书在版编目（CIP）数据

电脑服装效果图软件应用教程 / 殷薇主编；毛柳微，林晓华副主编 . -- 北京：中国纺织出版社有限公司，2023.12

"十四五"普通高等教育本科部委级规划教材

ISBN 978-7-5229-1228-8

Ⅰ.①电… Ⅱ.①殷… ②毛… ③林… Ⅲ.①服装设计—计算机辅助设计—图像处理软件—高等学校—教材 Ⅳ.① TS941.26

中国国家版本馆 CIP 数据核字（2023）第 232784 号

责任编辑：宗　静　　特约编辑：朱静波
责任校对：高　涵　　责任印制：王艳丽

中国纺织出版社有限公司出版发行
地址：北京市朝阳区百子湾东里 A407 号楼　邮政编码：100124
销售电话：010—67004422　传真：010—87155801
http://www.c-textilep.com
中国纺织出版社天猫旗舰店
官方微博 http://weibo.com/2119887771
北京通天印刷有限责任公司印刷　各地新华书店经销
2023 年 12 月第 1 版第 1 次印刷
开本：787×1092　1/16　印张：9.75
字数：200 千字　定价：68.00 元

　　服装效果图是服装画的一种，是服装设计的专业基础之一。服装效果图以绘画作为基本手段来表达服装设计意图的，是准确而快捷的绘画形式，通过丰富的艺术处理方法来体现服装设计的造型和整体气氛。服装效果图运用于服装的设计环节中，是衔接服装设计师与工艺师、消费者的桥梁；是服装设计构思到成衣专业完成过程中不可缺少的部分。随着现代科技的发展，传统的手绘形式已满足不了服装画爱好者的需求。越来越多的创作者和设计师开始通过科技时代的产物，展示更加多元化、多样化的服装画作品。

　　随着党的"二十大"的召开，会议为服装行业提供了关键发展思路，尽管当前外部形势复杂，中国纺织服装行业仍处于重要的战略机遇期，要适应变局、赢得未来，围绕"科技、时尚、绿色"的产业定位，把创新作为根本动力，摆在产业核心位置，以新的眼界、新的格局、新的胸怀，切实推进行业高质量发展。时代在发展，服装效果图技法也应该适应当代社会发展的需要，将传统手绘技能与电脑、数字艺术相结合，更便捷地表现出设计师所期待的效果，极大地降低难度，更好地表现出服装的线条、颜色、质地。

　　本书从认识服装效果图以及绘制服装效果图的软件，到学习认识人体的基本型、比例动态，到线条和面料质感的表现，最后到完整的服装效果图呈现，都进行了详细说明、演示，循序渐进、深入浅出，使学生能够通过该课程，从熟悉服装效果图到熟练掌握各种技法进行服装效果图的绘制。同时，能够欣赏服装效果图，体会不同的风格，提高鉴赏能力，为后续的服装设计课程学习打下坚实的基础。

　　由于作者水平有限，在编写过程中有不足和疏漏之处，敬请专家和读者批评和指正。

殷薇

2023年9月

教学内容及课时安排

章节 / 课时	课程性质 / 课时	节	课程内容
第一章 （2 课时）	基本概念与软件基础 （14 课时）	·	服装效果图基本概论
		一	服装效果图的定义、功能及用途
		二	电脑服装效果图的特点
		三	电脑服装画的代表人物介绍
第二章 （12 课时）		·	电脑服装效果图设计软件基础
		一	SAI 软件介绍
		二	Painter 软件介绍
		三	Photoshop 软件介绍
		四	Illustrator 软件介绍
		五	电脑软件绘制服装效果图
第三章 （16 课时）	专业基础知识 （32 课时）	·	电脑服装效果图人体表现技法
		一	头部比例与五官特征
		二	四肢与手足的画法
		三	人体整体与局部的关系
第四章 （16 课时）		·	电脑服装效果图基础表现技法
		一	线的表现方法
		二	服装褶皱的表现
		三	服装配饰和图案的表现
第五章 （28 课时）	专业技能要点 （28 课时）	·	服装材质的表现
		一	绸缎面料的表现
		二	皮革面料的表现
		三	格子呢的表现
		四	纱与蕾丝的表现
		五	针织面料的表现
		六	棉麻面料的表现
		七	牛仔面料的表现
		八	毛皮面料的表现
		九	镂空面料的表现
		十	图案面料的表现
		十一	服装饰物的表现
第六章 （16 课时）	综合实践 （16 课时）	·	服装效果图绘制图例和分解步骤
		一	女装的表现
		二	男装的表现
		三	童装的表现

注 各院校可根据自身的教学特点和教学计划对课时数进行调整。

目 录

第一章

服装效果图基本概论

课题名称： 服装效果图基本概论

课题内容： 1.服装效果图的定义、功能及用途

2.电脑服装效果图的特点

3.电脑服装画的代表人物介绍

课题时间： 2课时

教学目的： 从时装画的历史出发，分析电脑服装效果图的特点，掌握服装效果图的定义、功能及用途。

教学方式： 1.教师PPT讲解基础理论知识，根据教材内容及学生的具体情况灵活安排课程内容。

2.加强基础理论教学，重视课后知识点巩固，并安排课后阅读书籍。

教学要求： 要求学生掌握不同时期的服装画的代表人物及其绘画特点、风格等。

课前（后）准备： 1.课前及课后多阅读关于服装画发展史类书籍；提前安装好课程所需软件。

2.课后收集自己喜欢的服装效果图或服装画，可以进行临摹。

第一节
服装效果图的定义、功能及用途

图1-1 服装效果图图例

一、服装效果图的定义

服装效果图指的是设计者以设计要求为内容，用以表现服装设计构思的概括性的、简洁的绘画，通常表现服装的造型、分割比例、局部装饰及整体搭配等。服装效果图多为整洁工整的绘画，旁边贴有面料小样及文字说明，并且有正反面的款式图，是设计师将灵感通过平面要素所描绘的着装图，要求准确、清晰地体现其设计意图和穿着效果。服装效果图之所以称为"图"，是因为它是为制作服装而画的图纸，表现设计者所设想的服装穿着的总体效果。旨在表达服装造型、色彩、材质、工艺构成、服饰配件以及服装的风格等。它是服装设计师必须掌握的基本知识之一，是服装设计师捕捉创作灵感最简捷、最有效的手段，是服装从设计构思到作品完成全过程中不可缺少的重要组成部分，也是裁制服装的依据，宣传、传播服装信息的媒介，引导服装销售的手段（图1-1）。

服装效果图从狭义的角度来说，是为服装生产服务。例如，服装设计公司、服装厂等生产企业，均采用先画服装设计图、款式平面图，然后配裁剪图以及工艺流程书，形成一整套的设计方案，为企业提供生产计划。从广义的角度来说，服装效果图的作用不仅限于生产行业，而且广泛应用在教学、广告宣传、书籍刊物插图与服装产品包装等方面，由此可见，它的实用价值和范围的广阔。

随着信息技术的发展，电脑服装效果图逐渐受到人们的青睐，电脑服装效果图相对于传统的手绘服装效果图的优势日益突显。越来越多的服装设计从业人员更青睐服装电脑辅助软件设计。一方面是因为可以从专业电脑设计软件的某些功能中得到设计灵感，强大的电脑功能可以帮助设计人员更快捷地完成设计效果图；另一方面是比较方便，比起手绘，不需要过多的绘画工具，只需一台电脑即可，还能根据要求进行反复修改，能节省大量的时间。

二、服装效果图的功能

服装效果图表达设计师的设计意图和构思，准确表达出服装各部位的比例结构，为制板和缝制提供十分具体的工艺要求，为客户提供准确的设计意图和流行信息，为服装厂商和销售商带来促销效果，使之对某类服装留下深刻印象，并产生购买欲望。服装效果图有利于设计师检验最初设计构思的穿着效果，借以听取意见，不断修改完善；有利于告诉服装制作人员构思意图和追求效果，便于制作人员领会和相互配合。因此，服装效果图一般要求画得快，并且对于服装的结构、比例及工艺等方面要求较为严格。由于我国的服装设计起步较晚，特别是服装教育与发达国家相比还有待进一步提高和完善，因此，就服装效果图来讲，也同样是伴随着服装的发展而逐渐形成自身的体系。在早些时候，人们对于服装效果图还缺乏足够的认识，只是认为它比传统的设计方法更有效，因为传统的服装设计往往是在没有一种具体的、清晰的造型情况下，凭借已有的经验，在服装裁片上反复地改动和调整，成型后若不满意，又拆开，在裁片上再作修改，然后再成型，直到满意为止。而服装效果图则是将设计师的设计构想先在纸面上完整地表现出来，而后依据设计的程序逐步成型的，这样既能避免反复修改的麻烦，又能充分地体现设计师的设计风格。

服装效果图作为服装设计的第一个环节，要是体现服装设计师的设计构想和设计立意。在设计之前，设计师常常是先形成一种相对完整的构思，接下来通过纸和笔绘制出设计效果图，并对其着装者的体形特征，服装的结构、色彩、面料、配件等逐一进行表达。从一定意义上讲，绘制服装效果图正是设计的开始，设计效果图绘制完成后，也就意味着设计的最佳方案和服装造型基本确定下来。当然在后来的各个实施环节中，尽管有一些调整和修改，但一般不会有太多的变动。正因如此，在对于服装造型的处理中，应注意在一些具体结构上给予充分的表达，以利于工艺制作诸多环节的顺利实施。同时，在服装效果图的绘制过程中，不可忽视服装的细部表现，如衣缝、省道、开衩、褶裥、带子、扣子等。另外，与服装相关的装饰配件也要有相应的表现，如帽子、眼镜、围巾、腰带、手套、包、鞋、袜、首饰（包括头饰、耳环、项链、胸饰、手镯、戒指等），以陪衬主体服装，而形成完美的服饰整体效果。当然，不要理解为在一套服装效果图中将所有的装饰配件全部罗列出来，而是根据服装造型的需要和着装者的内在气质进行适度地选择。例如，在晚装的设计效果图中，其配件应以首饰为主；而在一套休闲装的设计效果图中，其配件则应以围巾、包为主，服装与配件的搭配力以得体和自然为宜。

三、服装效果图的用途

1.生产用途

服装设计效果图主要以服装企业生产加工为目的。因此，设计效果图要求严格，要符合生产实际情况，设计图中的人物造型以写实为主，人物形象不宜过分夸张。服装设计图可以用分割式构图或折叠式装裱。设计图中的项目有服装设计效果图、款式平面图、裁剪图和工艺流程书以及设计说明。在绘制生产用途设计图时，要特别注意款式平面图和裁剪图的规范和标准化，这是服装生产企业规范统一的要求。

生产实用型的效果图，更强调实用性，在图中要重点表现服装造型和结构的准确性，采用素色单线勾画、附加服装面料即可，既简便实用又快速，被服装企业广为使用（图1-2）。

（a）

（b）

图1-2 服装设计效果图

2.教学用途

这种服装设计效果图主要以教学为目的。在设计效果图中要着重表现设计者的设计意图，开拓设计师的想象力，充分利用各种表现技法来绘制设计图。服装效果图需要注重艺术与实用相结合，同时培养设计者独特的艺术表现形式，在掌握人体比例、素描、速写、色彩知识、设计基础等课程的基础上，深入细致地集中表现自己的艺术感受和个性风格，完成课题设计作业。

3.广告宣传用途

借助服装设计效果图作为广告招贴宣传画，传达某种活动的信息，如时装表演广告、服装展销广告、书刊封面设计和时装插图等。在这些方面的服装效果图，人物造型多采取夸张和变形的艺术手法，尤其在颜色上以强烈明亮的装饰效果来表现，达到吸引公众传递信息的作用，实现商业的实用目的（图1-3）。

（a）天野喜孝插画作品

（b）乔治·巴比耶插画作品

图1-3 广告宣传服装效果图

第二节
电脑服装效果图的特点

一、操作简便

在传统方法里，服装效果图要设计师手绘完成，为了表现出服装的线条、颜色、质地，对设计师的绘画功底要求比较高，但并不是所有设计师的绘画能力都能与他的构思相匹配。而使用电脑绘制，一些复杂的线条和效果处理可以由电脑辅助完成，能够简便快捷地表现出设计师所期待的效果，减小绘制难度。

二、方便储存

利用电脑可以储存大量的设计思路和设计稿件，可以随时保存设计师的灵感。而传统方法中要花费相当一部分精力在手稿的保存上。另外，电子稿件可以利用网络和移动硬盘便于传输，方便客户与设计师之间沟通交流，有效地提高效率。

三、表现力强

利用电脑设计软件，服装效果图绘制时间短，能表现各种材质，不受时间和工具的限制。可以在上色的过程中根据真实的面料素材调整颜色，使效果图更直观、色彩更鲜明，更加接近实物，也能把设计师的想象力表现得淋漓尽致。

四、方便修改

在手绘效果图中，一旦落笔或上色，再想要改变，就要从头再来。但是在电脑绘制的过程中，设计师可以随意更改颜色，或者对设计做出修改，将改前和改后做对比，然后选择更满意的方案。

第三节
电脑服装画的代表人物介绍

一、刘元风

刘元风1956年出生于河北省沧州市，曾任北京服装学院院长，是中国第一批时装设计师，其时装画水平在国内也首屈一指。刘元风的作品反映出时装界老前辈对作品超高的基本功要求，从严谨的人物造型、生动的人物形态和传神的细节表达，都体现了老前辈的扎实作风；另外，刘元风的作品也充分表现了他独特的绘画理念，精炼浓缩的时尚审美意涵，简洁舒朗的服装设计语言，以及丰富多样的绘画形式手法，都是刘元风绘画风格的另一看点。扎实的基本功和自己独特的简洁技法相融合，其作品固然十分耐看，就算是在现代绘画元素繁多的时代，也不失韵味，值得学习（图1-4）。

（a）   （b）

图1-4　刘元风作品

二、阿图罗·埃琳娜（Arturo Elena）

阿图罗·埃琳娜在1958年出生于西班牙特鲁埃尔，是西班牙著名的时装插画师，同样也是西方时装摄影界的著名风格主义大师。他用色大胆，人物形态举手投足妩媚妖娆，如露肩印花连体衣与菱形大耳环，大手镯。纤瘦的身材是阿图罗·埃琳娜服装设计手稿下典型的女人。身材纤瘦，长腿，小V脸，造型夸张，极具有骨感美，他着色大胆，对比强烈，并且写实感强，具有冲击性的视觉效果。自学插画技法的他，以其性感妖娆的作品设计风格掀起了时尚插画界的一场大变革。阿图罗·埃琳娜画中的人物瘦长，高挑，是对现代追求瘦、高、直等审美观念的夸张和强调，人物的身体比例已经超越了黄金比例的九头身，达到了对于人体最大限度地拉长效果。当然，在阿图罗·埃琳娜的笔下，这些人物身体比例虽然夸张，但不失真实感，可以说，夸张与写实这两种表现手法在阿图罗·埃琳娜的作品中得到了最大限度地协调与平衡（图1-5）。

（a）   （b）   （c）

图1-5　阿图罗·埃琳娜作品

三、玛格达·安东奈斯（Magda Antoniuk）

玛格达·安东奈斯出生于波兰。她的画风属于写实派，主要为Paul Smith、Wallpaper等品牌和杂志创作插画作品。她的早期作品以黑白为主，而近期作品中加入了彩色色调，宛如照片一般真实呈现，甚至连模特的神韵都相当传神，整体上又带有不失创意性的元素。除了服饰和人物画之外，玛格达·安东奈斯也擅长绘画香水、包饰及化妆用具等物品，同样是巨细无遗，以假乱真，每一个细节都刻画得栩栩如生（图1-6）。

（a）　　　　　　（b）

（c）

图1-6　玛格达·安东奈斯作品

四、劳拉·莱恩（Laure Laine）

　　劳拉·莱恩是一位来自芬兰首都赫尔辛基的国际大牌级时尚插画大师。她曾经为GAP、普拉达（Prada)、圣·洛朗（YSL)等国际知名时装品牌的新品制作过设计样图。劳拉·莱恩将女性插画和大牌香水完美结合，采用虚实结合的手法，鬼魅妖冶的女子灵动诠释当季潮流单品。她的画作常以黑白色调为主，偶尔抹以一丝色彩。她笔下的女子尽显婀娜的姿态，有着纤细的身材和及腰飘逸的长发。劳拉·莱恩认为黑与白最能表达她所想表达的，如果她使用色彩，那只是修饰而已。她的一幅幅作品都展现出她对于细节美感把握所独具的天赋。超现实的神秘美感，总是令人无法抗拒（图1-7）。

（a）　　　　　　　　　　　　　　　（b）

图1-7　劳拉·莱恩作品

第二章

电脑服装效果图设计软件基础

课题名称： 电脑服装效果图设计软件基础

课题内容： 1.SAI软件介绍

2.Painter软件介绍

3.Photoshop软件介绍

4.Illustrator软件介绍

5.电脑软件绘制服装效果图

课题时间： 12课时

教学目的： 使学生掌握目前较为通用的电脑绘画软件的功能和使用方法。

教学方式： 1.教师联机讲解绘画软件的基础操作，根据教材内容及学生的具体情况灵活安排课程内容。

2.加强软件的基础操作，重视课后练习巩固，并安排课后练习作业。

教学要求： 要求学生至少熟练掌握一款绘画软件的基础操作。

课前（后）准备： 1.课前及课后都要进行软件的界面操作，熟悉常用的快捷键。

2.课后完成线条练习作业，要求线条平顺均匀。

第一节
SAI软件介绍

SAI是SYSTEAMAX公司开发的一款绘图软件，全称为Easy PaintTool SAI，主要用于服装效果图的草稿、描线以及上色。SAI适合绘制各种画风，比如水彩、厚涂、半厚涂、马克笔比较典型的上色风格等，适合刚刚接触数位板的新手，其中的抖动修正和旋转画布都功能适合绘画初学者入门学习。

目前SAI还在持续更新，新版本仍在继续开发调试中，功能也在不断完善，与其他同类软件不同的是，SAI极具人性化，其追求的是与数位板有较高的相互兼容性，绘图的美感、简便的操作以及为用户提供一个轻松绘图的平台。

一、SAI软件主界面

SAI主界面如图2-1所示；图像菜单如图2-2所示。

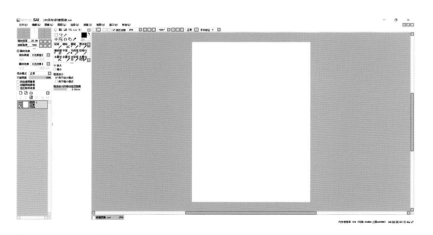

图2-1　SAI主界面

图2-2　SAI图像菜单

二、SAI画布介绍

1.画布介绍

（1）图像大小。"图像大小"用于修改整个图画的大小，相当于放大缩小图片。

（2）画布大小。"画布大小"用于修改最底部画布的大小，不改变画在上面的图像的大小。

（3）水平翻转画布。"水平翻转画布"用于从左向右或从右向左180度翻转画布，不改变画在画布上的大小。

（4）垂直翻转画布。"垂直翻转画布"用于从上向下或从下向上180度翻转画布，不改变画在画布上的大小。

（5）逆时针旋转画布90度。"逆时针旋转画布90度"用于从左向右90度旋转画布，不改变画在画布上的大小。

（6）顺时针旋转画布90度。"顺时针旋转画布90度"用于从右向左90度旋转画布，不改变画在画布上的大小。

2.画布的运用

（1）缩放比例。单击"🔲"按钮是放大画布；单击"🔲"按钮是缩小画布；单击"🔲"按钮是复位到适合大小位置。也可以直接在前面的输入栏输入需要缩放的比例（图2-3）。

（2）旋转。单击"🔲"是向左旋转；单击"🔲"是向右旋转；单击"🔲"和前面的效果一样，是复位到居中合适位置。同样可以直接输入修改要旋转的角度（图2-4）。

（3）翻转。单击"翻转"以后画布就可以左右翻转了，在打草稿和勾线的时候都需要多次用到。因为很多画中的问题正看看不出来，翻转以后就全部暴露出来了（图2-5）。

图2-3　缩放比例　　　　　图2-4　旋转　　　　　图2-5　翻转

三、SAI笔刷介绍

SAI里面有很多的自带笔刷，网上也可以找到很多别人自制或者修改过的笔，都很好用。初学者用SAI自带笔刷就足够了，然后可以慢慢根据个人习惯增加一些喜欢的笔刷。

1.常用笔刷

常用笔刷如图2-6所示。

（1）铅笔。铅笔的笔触比较硬，不过比现实中的铅笔上色更均匀，一般可以用来勾线，也可以调大笔刷直径铺底色。

（2）喷枪。喷枪的笔触非常柔和，很淡，一般用来绘制朦胧的效果或者晕染较大的范围。当然也可以把笔刷调细了用来勾线。

（3）画笔。画笔是一种万能工具，适当修改笔刷设置后可以胜任其他笔刷的大部分功能。

（4）水彩笔。水彩笔可以充当模糊工具用。如图2-6（d）所示就是铅笔画了一个点，然后用水彩笔抹了一下的效果。

（5）马克笔。马克笔是一种非常淡的工具，可以结合铅笔和水彩笔一起给画面上色，多半用于厚涂或者半厚涂作品。

（6）橡皮擦。橡皮擦的作用就是擦除

画笔痕迹，图2-6（f）所示的效果分别是设置无浓度无直径变化、只有浓度、只有直径变化的三种擦除效果。

2.自定义笔刷

学会了新建笔刷以后，还要知道如何更改笔刷设置让笔刷使用起来更符合自己的习惯。下面介绍笔刷的各种参数设定。因为笔的变化最多，下面就以画笔为例（图2-7）。

（1）不同画笔直径变化如图2-8所示。

（2）不同笔压效果如图2-9所示。

（3）笔压参数的效果如图2-10所示。

3.材质和笔刷纹理的设置

（1）笔刷形状：即作画时笔头的形状，一般是用圆形的。也有其他形状，可以绘制一些特殊的图形，网上有丰富的笔刷形状下载（图2-11）。

（2）画质质感：就是画出来的颜色里面的花纹，SAI自带很多种类，网上也可以下载，也可以自己绘制特殊纹理（图2-12）。

4.不同笔刷组合的展示

不同笔刷组合展示如图2-13所示。

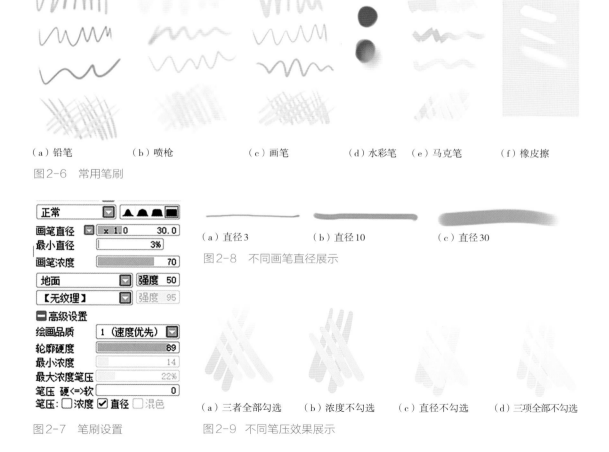

（a）铅笔　　　　　（b）喷枪　　　　　（c）画笔　　　　　（d）水彩笔　　（e）马克笔　　　（f）橡皮擦

图2-6　常用笔刷

图2-7　笔刷设置

（a）直径3　　　　　（b）直径10　　　　　（c）直径30

图2-8　不同画笔直径展示

（a）三者全部勾选　　（b）浓度不勾选　　（c）直径不勾选　　（d）三项全部不勾选

图2-9　不同笔压效果展示

（a）浓度：0 直径：48 混色：0　　（b）浓度：48 直径：0 混色：0　　（c）浓度：0 直径：0 混色：48

图2-10　不同笔压参数展示

（a）火同水彩艺术+花砖　　（b）火同艺术水彩+星空

（c）通常圆形+几何图案　　（d）通常圆形+方格

（e）通常圆形+蕾丝　　（f）渗化+地面

图2-11　笔刷形状设置　　图2-12　笔刷纹理设置　　图2-13　不同笔刷组合展示

5.SAI色彩选择

如图2-14所示为色轮的按钮，单击就会出现色轮设置面板。

图2-14　色轮按钮

（1）如图2-15所示为取色时最常使用的色轮。先转动外面的圆环（色相），此时里面的方块颜色会相应改变，确定色相后，再在里面的方块中选择需要的颜色，拖动小圆圈即可。

（2）如图2-16所示为拾色器，这种选色方式一般画画的时候用不太到，作为参

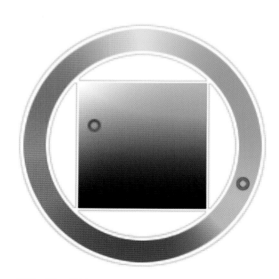

图2-15　色轮

考，色卡一般会标注RGB等，直接按照标注拉到对应颜色即可。

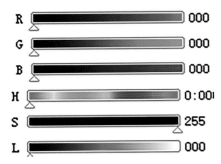

图2-16　拾色器

（3）如图2-17所示为调色板，作用类似现实里面调色盘上的混色，可以用油漆桶把一个颜料倒在一边，另一种想混合的颜料倒在另一边，然后在它们的过渡色中选一个最合适的，它有记忆功能，下次打开SAI还会保留。

图2-17　调色板

（4）如图2-18所示为色盘，可以储存颜色，下次打开依旧保留，用来存一些常用色很方便。

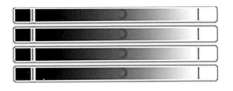

图2-18　色盘

（5）如图2-19所示为储色器，类似于试颜色的白纸，各种笔刷都可以在上面画，和画布差不多，有撤销重做键和清除键。

图2-19　储色器

6. SAI图层及使用

（1）图层介绍。

①新建一个文件后会出现这样一个区域，即图层1（图2-20）。

图2-20　图层介绍1

②点击红色圈出来的按钮，可以看见图层多了一个，即新建图层（图2-21）。

图2-21　图层介绍2

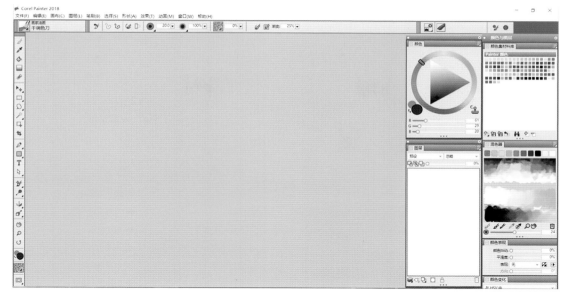

图2-31　Painter主界面

深浅程度、干湿程度和薄厚程度进行调节，这大大节省了在现实绘画中更换画笔、清洁画笔的过程。特别值得一提的是，在使用Painter软件绘画的过程中，产生不同色彩叠加效果，如同真实画材一样通透，这是其画笔工具的特色。

2.使用人群

计算机绘图软件的出现改变了人类长久以来使用传统工具，如铅笔、拷贝纸、圆规、标尺等来绘制图像的方式。如今在行业内平面设计软件很多，而且在一些使用方法和功能上平面设计软件较为雷同，但相对一些平面设计软件偏重于图像处理的编辑而言，Painter软件则更适合于有一

定美术基础的人群。

3.工具使用

（1）主菜单。同前面讲的SAI软件一样，主菜单包含执行的多个菜单。这些菜单按不同的功能、主题，分成文件、编辑等10个类别（图2-32）。

图2-32　Painter主菜单

（2）属性栏。属性栏是对工具箱中各个工具的属性进行调整的。当我们选择不同的工具时，其属性栏都会发生相应变化（图2-33）。

图2-33　Painter属性栏

（3）工具箱。Painter工具箱的上半部分包含了吸笔、选区、套索、魔棒、节点选择等24种工具。其中，带有小三角符号的工具按钮含有工具列表（图2-34）。

工具箱的下半部分提供了主要色和次要色，以及纸张、图案、渐变、织物、图案笔的笔迹和图像水管的笔迹选择等快捷方式（图2-35）。

笔、钢笔等多种笔刷效果和大量的变形笔触、图案笔触等。这些画笔模拟了各种传统的画笔和现代高科技的绘图工具，为商业插画技法提供了丰富多彩的表达效果（图2-36）。

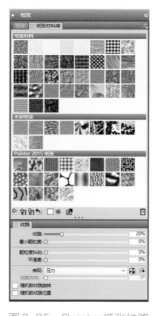

图2-34　Painter工具箱

图2-35　Painter纸张纹路设置

图2-36　Painter笔刷

三、绘图工具

1.绘图工具栏

绘图工具栏主要是选择不同的画笔类型和画笔的变体，这是Painter绘图中最重要的部分。Painter中为我们提供了几十种类型的画笔和大量画笔的变体，每种画笔都有它独特的属性和效果。可以选择粉笔、油画笔、水彩笔、彩色铅笔、蜡

2.画笔介绍

（1）亚克力笔。所有的"亚克力"画笔变量都将覆盖底层笔触。许多画笔具有多种颜色的笔触，而有些画笔与底层的像素相互作用，以产生逼真的效果（图2-37）。

（2）喷笔。喷笔仔细地反映出操作中的真实喷笔的效果。Wacom喷笔画笔与"喷笔"类别中的变量完全兼容（图2-38）。

（3）艺术家画笔。"艺术家画笔"画

笔变量可帮助实现完成艺术大师的风格绘画。例如，可以选择文森特·凡·高的风格绘画，这种风格的笔触有多重阴影，或者以乔治·修拉的风格绘画，这种风格是由多个点组成一幅图画。在使用任何"艺术家画笔"画笔变量时，迅速拖动，会产生较宽的笔触。使用"颜色变化"设置，可以调整艺术家画笔笔触的上色方式（图2-39）。

（4）混色笔。"混色笔"通过移动和调和底层像素，来影响这些底层像素。变量可以通过应用水或油画颜料再现调和颜料的效果。还可以使绘出的线条平滑并创建阴影，就像使用铅笔素描或炭笔绘画（图2-40）。

（5）蜡笔。"蜡笔"提供一系列的样式。从柔软暗色到光滑粒状，这些样式产生与纸纹颗粒相互作用，产生带纹理的笔触。蜡笔和其他干媒材画笔变量一样，透明度与画笔压力有关（图2-41）。

（6）数字水彩。"数字水彩"画笔变量产生与画布纹理相互作用的水彩效果。与"水彩"画笔变量使用"水彩图层"工作不同，"数码水彩"笔触可以直接应用于任何标准的像素式图层，包括画布。例如，如果您要将水彩效果应用于照片，可直接将"数字水彩"笔触应用于图像。如果要从画板创建逼真的水彩，"水彩"画笔变量可以使颜色流动、混合和融合得更自然（图2-42）。

（a）湿细节笔刷　　（b）粗亚克力鬃毛　　（c）釉彩亚克力笔

图2-37　画笔效果展示1

（a）数位喷笔　　（b）宽滚轮喷笔　　（c）图素喷溅

图2-38　画笔效果展示2

（a）印象派　　（b）印象派混色笔　　（c）萨金特笔刷

图2-39　画笔效果展示3

（a）涂抹　　（b）釉彩混色笔　　（c）透版油性混色笔

图2-40　画笔效果展示4

（a）基本蜡笔　　（b）平头凝重粉蜡笔　　（c）粗油画粉蜡笔

图2-41　画笔效果展示5

（a）宽水彩笔刷　　（b）简单水彩笔　　（c）粗糙水彩笔

图2-42　画笔效果展示6

（7）特效笔。"特效笔"画笔变量使结果更具创意。一些特效笔会添加颜色；其他的则影响底层像素。使用"特效笔"画笔变量最好的方法是尝试在图像和黑色画布上使用（图2-43）。

（8）油画笔。"油画笔"画笔变量让您可以创建所需的油画效果。某些变量是半透明的，可用于产生像玻璃一样的效果。其他变量是不透光的，它们可以覆盖底层笔触。要与"混色器"面板真实地相互作用并在单个笔触中应用多种颜色，请尝试使用"艺术家油画"画笔变量（图2-44）。

（9）水彩笔。"水彩笔"画笔变量用于在水彩图层上绘制，从而让颜色在纸张上流动、混合和融合。在第一次使用水彩画笔变量的笔触时，会自动创建水彩图层。该图层使您可以控制纸张的湿度和挥发度，以便有效地仿真常规的水彩效果。大多数水彩画笔变量会与画布纹理相互作用。可以通过分离画布为水彩图层来使用水彩画笔变量，为照片应用水彩效果（图2-45）。如果需要在画布上直接绘制，请使用"数字水彩"画笔变量。

（10）铅笔。"铅笔"画笔变量对于传统上需要铅笔的任何美术作品都非常有用（从粗糙的素描到细致的线条绘画）。和它们的自然对应物相似，"铅笔"画笔变量与画布纹理相互作用。全部变量叠加趋近于黑色，并且其不透明度与画笔压力有关。"铅笔"笔触的宽度随笔触的速度而相应变化，因此迅速拖动会画出较细的线条，缓慢拖动会画出较粗的线条（图2-46）。

（a）雾状抖动　　（b）发光　　（c）飓风

图2-43　画笔效果展示7

（a）细致羽化油画　　（b）细致轻柔笔刷　　（c）中号鬃毛油画

图2-44　画笔效果展示8

（a）轻柔平头　　（b）晕染驼色　　（c）流动漂白

图2-45　画笔效果展示9

（a）轻柔平头　　（b）晕染驼色　　（c）流动漂白

图2-46　画笔效果展示10

3. Painter 软件快捷键

（1）界面显隐控制见表2-5。

表2-5　界面显隐控制

操作	Windows 快捷键	macOS 快捷键
隐藏与显示工具条	Tab	→│
全屏显示	Ctrl+M	Command+M
图层调整	F	F
存储图片	Ctrl+Shift+S	Command+Shift+S
工具箱	Ctrl+1	Command+1
画笔选择	Ctrl+2	Command+2
艺术原料	Ctrl+3	Command+3
对象	Ctrl+4	Command+4
属性控制	Ctrl+5	Command+5
方格色板	Ctrl+6	Command+6
画笔控制	Ctrl+7	Command+7
显隐调色板	Ctrl+H	Command+H

（2）选区工具见表2-6。

表2-6　选区工具

操作	Windows 快捷键	macOS 快捷键
全选	Ctrl+A	Command+A
取消选择	Ctrl+D	Command+D
重复选择	Ctrl+R	Command+R
矩形选区工具	R	R
椭圆选区工具	O	O
魔棒工具	W	W
自由套索工具	L	L
选择区调整工具	S	S
反向选择选区	Ctrl+I	Command+I
删除当前选区内容	BackSpace	BackSpace

（3）绘图工具见表2-7。

表2-7　绘图工具

操作	Windows 快捷键	macOS 快捷键
画笔工具中手绘画笔	B	B
画笔笔头大小	[/]	[/]
画笔笔头直径	按住 Ctrl + Alt 在画布上拉圆形，圆形直径即是画笔直径	按住 Command+Option 在画布上拉圆形，圆形直径即是画笔直径
画笔不透明度	0~9	0~9
画笔直线笔触	V	V
画直线	Shift	Shift
钢笔工具	P	P
矩形形状工具	I	I
椭圆形状工具	J	J
文字工具	T	T
删除节点工具	X	X
增加节点工具	A	A
调整节点工具	Y	Y
形状剪断工具	Z	Z

（4）图像编辑工具见表2-8。

表2-8　图像编辑工具

操作	Windows 快捷键	macOS 快捷键
切换到移动工具	按住 Ctrl	按住 Command
切换到吸管工具	按住 Alt	按住 Option
减淡工具	'	'
加深工具	=	=
黄金分割工具	<	<
透视网格工具	>	>
布局网格工具	?	?
克隆工具	:	:
橡皮图章工具	"	"
擦除工具	N	N

操作	Windows 快捷键	macOS 快捷键
吸管工具	D	D
即时吸管	Alt	Option
油漆桶工具	K	K
填充色彩	Ctrl+/ / Ctrl+F	Command+/ / Command+F
调整颜色	Ctrl+Shift+A	Command+Shift+A
亮度对比度	Ctrl+Shift+B	Command+Shift+B
干燥数码水彩	Ctrl+Shift+L	Command+Shift+L
自由变换	Ctrl+Alt+T	Command+Option+T

（5）画面控制工具见表2-9。

表2-9　画面控制工具

操作	Windows 快捷键	macOS 快捷键
裁剪工具	C	C
缩放工具	M	M
放大	Ctrl++	Command++
缩小	Ctrl+-	Command+-
实际大小	Ctrl+0	Command+0
拖动工具	G	G
即时拖动（抓手）	空格键	空格键
旋转画面	E / 空格+Alt	E / 空格+Option
旋转画布	空格+Alt+Shift	空格+Option+Shift
后退	Ctrl+Z（最多后退32步）	Command+Z（最多后退32步）
前景色背景色切换	Shift+X	Shift+X
新建图层	Ctrl+Shift+N	Command+Shift+N
成组图层	Ctrl+G	Command+G
打开图层组	Ctrl+U	Command+U
复制图层为同名图层	Alt+ 拖移物体	Option+ 拖移物体
添加节点	A	A
转换节点	Y	Y
移除节点	X	X
变形工具	Alt+Ctrl+T	Option+Command+T

第三节
Photoshop 软件介绍

Photoshop是美国Adobe公司推出的大型图像处理软件，它在图形图像处理领域拥有毋庸置疑的权威。无论是平面广告设计、室内装潢、个人照片处理等方面，Photoshop都已经成为不可或缺的工具。

一、Photoshop软件主界面

Photoshop主界面如图2-47所示。

二、Photoshop介绍及应用

1.工具箱

Photoshop工具箱位于界面最左侧，所有工具共有50多个。要使用工具箱中的工具，只要单击该工具图标即可在文件中使用。如果该图标中还有其他工具，单击鼠标右键即可弹出隐藏工具栏，选择其中的工具单击即可使用（图2-48）。

2.菜单栏

Photoshop的菜单栏由9类菜单组成，包含了操作时要使用的所有命令。要使用菜单中的命令，只需将鼠标光标指向菜单中的某项单击，此时将显示相应的下拉菜单。在下拉菜单中上下移动鼠标进行选择，然后再单击要使用的菜单选项，即可执行此命令（图2-49）。

3.属性栏

属性栏Photoshop的属性栏提供了控制工具属性的选项，其显示内容根据所选工具的不同而发生变化，选择相应的工具后、photoshop的属性栏将显示该工具可使用的功能和可进行的编辑操作等，属性栏一般

图2-47　Photoshop主界面

被固定放在菜单栏的下面（图2-49）。

4.调板组

Photoshop中的调板组可以将不同类型的调板归类到相对应的组中并将其停靠在右边调板组中，在我们处理图像时，需要哪个调板只要单击标签，就可以快速找到相对应的调板，从而不必在菜单中打开。在默认状态下，只要执行"菜单/窗口"命令，可以在下拉菜单中选择相应的调板，之后该调板就会出现在调板组中（图2-50）。

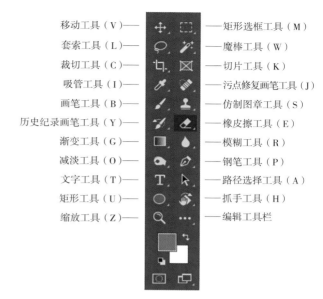

图2-48　Photoshop工具箱

图2-49　Photoshop菜单栏和属性栏

5.画笔设置

Photoshop画笔设置如图2-51所示。

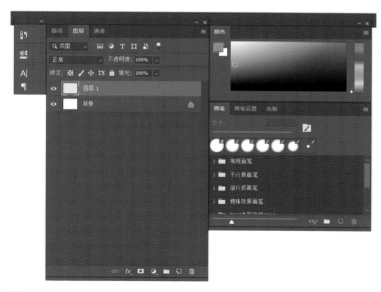

图2-50　Photoshop调板组

图2-51　Photoshop画笔设置

6. Photshop软件快捷键

（1）工具类快捷键见表2-10。

表2-10　工具类快捷键

操作	Windows快捷键	macOS快捷键
选择工具	V	V
矩形/椭圆工具	M	M
套索工具	W	W
剪裁/切片工具	C	C
滴管/取色/标尺/注释/计数工具	I	I
修复画笔/修补/红眼工具	J	J
画笔/铅笔/颜色替换工具	B	B
图章工具	S	S
历史记录画笔工具	Y	Y
橡皮擦工具	E	E
渐变/油漆桶工具	G	G
减淡/加深/海绵工具	O	O
钢笔工具	P	P
文字工具	T	T
选择工具	A	A
矩形/椭圆/多边形/直线/自定义形状工具	U	U
3D 对象工具	K	K
3D 相机工具	N	N
抓手工具	H	H
旋转视图工具	R	R
缩放工具	Z	Z

（2）图像菜单快捷键见表2-11。

表2-11　图像菜单快捷键

操作	Windows快捷键	macOS快捷键
调整—色阶	Ctrl+L	Command+L
调整—曲线	Ctrl+M	Command+M
调整—色相、饱和度	Ctrl+U	Command+U
调整—色彩平衡	Ctrl+B	Command+B

操作	Windows快捷键	macOS快捷键
调整—黑白	Alt+Shift+Ctrl+B	Option+Shift+Command+B
调整—反相	Ctrl+I	Command+I
去色	Shift+Ctrl+U	Shift+Command+U
自动色调	Shift+Ctrl+L	Shift+Command+L
自动对比度	Alt+Shift+Ctrl+L	Option+Shift+Command+L
自动颜色	Shift+Ctrl+B	Shift+Command+B
图像大小	Alt+Ctrl+I	Option+Command+I
画布大小	Alt+Ctrl+C	Option+Command+C
记录测量	Shift+Ctrl+M	Shift+Command+M
新建—图层	Shift+Ctrl+N	Shift+Command+N
新建—通过拷贝的图层	Ctrl+J	Command+J
新建—通过剪切的图层	Shift+Ctrl+J	Shift+Command+J
创建剪贴蒙板	Alt+Ctrl+G	Option+Command+G
图层编组	Ctrl+G	Command+G
取消图层编组	Shift+Ctrl+G	Shift+Command+G
排列—置为顶层	Shift+Ctrl+]	Shift+Command+]
排列—前移一层	Ctrl+]	Command+]
排列—后移一层	Ctrl+[	Command+[
排列—置为底层	Shift+Ctrl+[	Shift+Command+[
向下合并	Ctrl+E	Command+E
合并可见图层	Shift+Ctrl+E	Shift+Command+E

（3）视图菜单快捷键见表2-12。

表2-12　视图菜单快捷键

操作	Windows快捷键	macOS快捷键
校样颜色	Ctrl+Y	Command+Y
色域警告	Shift+Ctrl+Y	Shift+Command+Y
放大	Ctrl++	Command++ / Command+=
缩小	Ctrl+-	Command+-
按屏幕大小缩放	Ctrl+0	Command+0
100%	Ctrl+1 / Alt+Ctrl+0	Command+1 / Option+Command+0
显示额外内容	Ctrl+H	Command+H

操作	Windows 快捷键	macOS 快捷键
显示—目标路径	Shift+Ctrl+H	Shift+Command+H
显示—网格	Ctrl+'	Command+'
显示—参考线	Ctrl+;	Command+;
标尺	Ctrl+R	Command+R
对齐	Shift+Ctrl+;	Shift+Command+;
锁定参考线	Alt+Ctrl+;	Option+Command+;

（4）选择快捷键见表2-13。

表2-13　选择快捷键

操作	Windows 快捷键	macOS 快捷键
全部	Ctrl+A	Command+A
取消	Ctrl+D	Command+D
重新选择	Shift+Ctrl+D	Shift+Command+D
反选	Shift+Ctrl+I / Shift+F7	Shift+Command+I / Shift+F7
所有图层	Alt+Ctrl+A	Option+Command+A
查找图层	Alt+Shift+Ctrl+F	Option+Shift+Command+F
调整蒙版	Alt+Shift+Ctrl+R	Option+Shift+Command+R
修改—羽化	Shift+F6	Command+F6

（5）3D 菜单快捷键见表2-14。

表2-14　3D 菜单快捷键

操作	Windows 快捷键	macOS 快捷键
显示/隐藏多边形—选区内	Alt+Ctrl+X	Option+Command+X
显示/隐藏多边形—显示全部	Alt+Shift+Ctrl+X	Option+Shift+Command+X
显示/隐藏多边形—渲染	Alt+Shift+Ctrl+R	Option+Shift+Command+R

（6）滤镜菜单快捷键见表2-15。

表2-15　滤镜菜单快捷键

操作	Windows 快捷键	macOS 快捷键
上次滤镜操作	Ctrl+F	Command+F
自适应广角	Alt+Shift+Ctrl+A	Option+Shift+Command+A
Camera Raw 滤镜	Shift+Ctrl+A	Shift+Command+A

操作	Windows 快捷键	macOS 快捷键
镜头矫正	Shift+Ctrl+R	Shift+Command+R
液化	Shift+Ctrl+X	Shift+Command+X
消失点	Alt+Ctrl+V	Option+Command+V

第四节
Illustrator软件介绍

Illustrator英译为插画，它集图形设计、文字编辑及高品质输出于一体的矢量图形软件，广泛应用于平面广告设计、网页图形制作、插画制作及艺术效果处理等诸多领域。

一、Illustrator软件主界面

Illustrator主界面如图2-52所示。

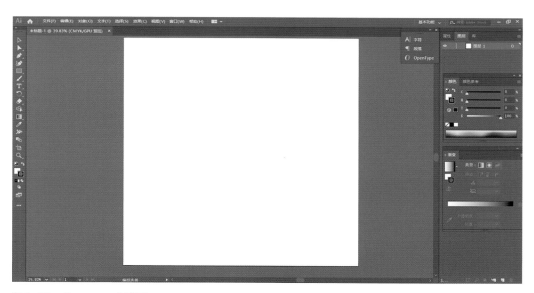

图2-52　Illustrator主界面

二、基础工具介绍

1.菜单栏

菜单栏就是包含Illustrator中所有的操作命令，在每一个主菜单下又包含很多子菜单（图2-53）。

2.工具栏

工具栏包含了大量的编辑工具，有的编辑工具里边也有其他的工具（图2-54）。

3.属性栏

属性栏是对物体参数数据进行调整（图2-55）。

4.控制面板

控制面板如图2-56、图2-57所示。

图2-53　Illustrator菜单栏

图2-54　Illustrator工具栏

图2-55　Illustrator属性栏

图2-56　Illustrator控制面板

图2-57　Illustrator字符面板

三、文件的基本操作

（1）新建："文件菜单"→新建命令；快捷键Ctrl+N。

在新建命令对话框中，可以设置文件页面的大小及方向；"文件"→文档设定→画板，可以对已设定好的页面大小进行修改。

（2）存储："文件菜单"→存储命令；快捷键Ctrl+S。

（3）打开："文件菜单"→打开命令；快捷键Ctrl+O。

（4）关闭："文件菜单"→关闭命令；快捷键Ctrl+W。

（5）置入命令：将Illustrator打不开的图形文件放入当前绘图窗口中。（26种不同格式可以放置到文件中，置放图像可以采用"链接"或"不链接"的形式，"链接"的图像也可以利用"嵌入"命令，真实放入绘图窗口中）利用"窗口"→链接面板下拉菜单中"嵌入图像"命令，可以将图像真实放入。

（6）视图窗口的使用：主要用来对视图显示进行设置。

①预览/轮廓的切换：Ctrl+Y。

②放大及缩小命令。

③标尺、参考线、网格、画板显示与隐藏等视图操作均可以此菜单中完成。

四、Illustrator常用笔刷介绍

1.书法笔刷

Illustrator书法笔刷可以模拟墨水笔、

画笔的效果，使用书法笔刷，可以对笔尖进行相应设定，作出不同效果（图2-58）。

图2-58　Illustrator书法笔刷

2.散布笔刷

Illustrator散布笔刷可以将矢量图形定义为笔刷，当施加给路径时，这些矢量图形副本就会沿着路径伸缩（图2-59）。

图2-59　Illustrator散布笔刷

3.艺术笔刷

Illustrator艺术笔刷同样可以将矢量图形定义为笔刷，当施加给路径时，这些矢量图形就会沿着路径伸缩（图2-60）。

图2-60　Illustrator艺术笔刷

4.图案笔刷

Illustrator图案笔刷允许将5个矢量图形定义为图案笔刷的起点、终点、边线、内边角、外边角。施加给路径时，这些矢量图形将会沿着路径的不同位置进行分布。这是Illustrator最复杂的笔刷（图2-61）。

图2-61　Illustrator图案笔刷

五、Illustrator软件快捷键

（1）常用快捷键见表2-16。

表2-16　常用快捷键

操作	Windows快捷键	macOS快捷键
还原	Ctrl+Z	Command+Z
重做	Shift+Ctrl+Z	Shift+Command+Z
剪切	Ctrl+X	Command+X
复制	Ctrl+C	Command+C
粘贴	Ctrl+V	Command+V
贴在前面	Ctrl+F	Command+F
贴在后面	Ctrl+B	Command+B
原位粘贴	Shift+Ctrl+B	Shift+Command+B
在所有画板上粘贴	Alt+Shift+Ctrl+B	Option+Shift+Command+B

（2）选择工具快捷键见表2-17。

表2-17　选择工具快捷键

操作	Windows快捷键	macOS快捷键
画板工具	Shift+O	Shift+O
选择工具	V	V
直接选择工具	A	A
魔棒工具	Y	Y
套索工具	Q	Q
钢笔工具	P	P
曲率工具	Shift+ ~	Shift+ ~
斑点画笔工具	Shift+B	Shift+B
添加锚点工具	+	+
删除锚点工具	–	–
切换到锚点工具	Shift+C	Shift+C
文字工具	T	T
修饰文字工具	Shift+T	Shift+T
直线段工具	\	\
矩形工具	M	M
椭圆工具	L	L
画笔工具	B	B
铅笔工具	N	N
Shaper工具	Shift+N	Shift+N
旋转工具	R	R
镜像工具	O	O
按比例缩放工具	S	S
变形工具	Shift+R	Shift+R
宽度工具	Shift+W	Shift+W
自由变换工具	E	E
形状生成器工具	Shift+M	Shift+M
透视网格工具	Shift+P	Shift+P
透视选区工具	Shift+V	Shift+V
符号喷枪工具	Shift+S	Shift+S
柱形图工具	J	J
网格工具	U	U
渐变工具	G	G

操作	Windows 快捷键	macOS 快捷键
吸管工具	I	I
混合工具	W	W
实时上色工具	K	K
实时上色选择工具	Shift+L	Shift+L
切片工具	Shift+K	Shift+K
橡皮擦工具	Shift+E	Shift+E
剪刀工具	C	C
抓手工具	H	H
缩放工具	Z	Z

（3）查看图稿快捷键见表2-18。

表2-18　查看图稿快捷键

操作	Windows 快捷键	macOS 快捷键
显示文档模板	Ctrl+H	Command+H
显示/隐藏画板	Ctrl+Shift+H	Command+Shift+H
显示/隐藏画板标尺	Ctrl+R	Command+R
显示透明网格	Shift+Ctrl+D	Shift+Command+D
在窗口中查看所有画板	Ctrl+Alt+0	Command+Option+0
在现用画板上就地粘贴	Ctrl+Shift+V	Command+Shift+V
退出画板工具模式	Esc	Esc
在另一画板中创建画板	按住Shift键拖移	按住Shift键拖移
在"画板"面板中选择多个画板	按住Ctrl键并单击	按住Command键并单击
退出全屏模式	Esc	Esc
放大	Ctrl++	Command++
缩小	Ctrl+-	Command+-
隐藏参考线	Ctrl+;	Command+;
锁定参考线	Alt+Ctrl+;	Option+Command+;
建立参考线	Ctrl+5	Command+5
释放参考线	Alt+Ctrl+5	Option+Command+5
显示/隐藏智能参考线	Ctrl+U	Command+U
显示/隐藏透视网格	Ctrl+Shift+I	Command+Shift+I
显示网格	Ctrl+'	Command+'
对齐网格	Shift+Ctrl+'	Shift+Command+'
对齐点	Alt+Ctrl+'	Option+Command+'

（4）处理选择对象快捷键见表2-19。

表2-19　处理选择对象快捷键

操作	Windows快捷键	macOS快捷键
用"选择工具""直接选择工具""编组选择工具""实时上色选择工具"或"魔棒工具"向选区添加内容	按住Shift键单击	按住Shift键单击
使用魔棒工具从选区中减少内容	按住Alt键单击	按住Option键单击
用"套索工具"添加到选区	按住Shift键拖移	按住Shift键拖移
用"套索工具"从选区减少内容	按住Alt键拖移	按住Option键拖移
选择现用画板中的图稿	Ctrl+Alt+A	Command+Option+A
全选	Ctrl+A	Command+A
取消选择	Shift+Ctrl+A	Shift+Command+A
重新选择	Ctrl+6	Command+6
选择当前所选对象上方的对象	Alt+Ctrl+]	Option+Command+]
选择当前所选对象下方的对象	Alt+Ctrl+[	Option+Command+[
选择对象的下方	按住Ctrl单击两次	按住Command单击两次
在隔离模式中选择下方	按住Ctrl单击两次	按住Command单击两次
编组选定图稿	Ctrl+G	Command+G
取消选定图稿编组	Shift+Ctrl+G	Shift+Command+G
锁定所选对象	Ctrl+2	Command+2
解锁所选对象	Alt+Ctrl+2	Option+Command+2
隐藏所选对象	Ctrl+3	Command+3
显示所有所选对象	Alt+Ctrl+3	Option+Command+3
锁定所有取消选择的图稿	Ctrl+Alt+Shift+2	Command+Option+Shift+2
将所选对象前移	Ctrl+]	Command+]
将所选对象移到前面	Shift+Ctrl+]	Shift+Command+]
将所选对象后移	Ctrl+[	Command+
将所选对象移到后面	Shift+Ctrl+[	Command+

第五节
电脑软件绘制服装效果图

一、SAI软件绘制服装款式图

步骤一：打开SAI软件，首先新建一个文件，sai格式，设置宽21.59cm、高27.94cm，分辨率为550，一般来说，分辨率越高，效果越好。

步骤二：新建一个图层，命名为"草稿"，使用铅笔工具画出大概轮廓（图2-62）。

步骤三：把"草稿"图层不透明度调至50%，新建一个图层命名为"线稿"，把线稿图层拉至草稿图层上方，开始绘制完整线稿。

步骤四：新建一个图层，命名为"衣服"，准备开始上色，上色对准"线稿"图层，点击选区取样来源，用魔棒工具点击线稿，且线稿必须为封闭的曲线（图2-63）。

步骤五：用马克笔工具上色，将服装明暗关系找准，多些笔触，合并图层。完成效果如图2-64、图2-65所示。

图2-62　SAI绘制服装款式图1

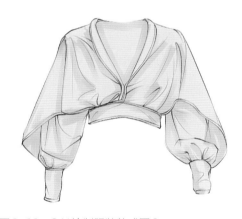

图2-63　SAI绘制服装款式图2

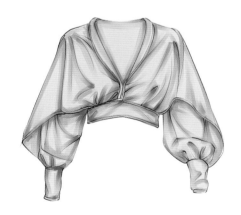

图2-64　SAI绘制服装款式图3

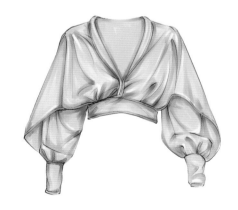

图2-65　SAI绘制服装款式图4

二、Painter软件绘制服装款式图

步骤一：新建文件，宽1920像素，高1080像素，分辨率为600像素/英寸。

步骤二：新建→图层1，命名为"草稿"，图层模式设定为"胶化"属性，图层模式的设定是为了颜色更饱和。选择画笔面板当中的数字水彩工具→细尖水笔。

步骤三：图层"草稿"大致先画衣服的轮廓，把透明度调至50%，新建图层命名为"线稿"（图2-66）。

步骤四：新建图层命名为"上色"图层模式设定为"胶化"属性，与线稿区分开来。画完后将画出衣服部分的笔触用画笔面板中的擦除器擦掉（图2-67）。

步骤五：新建图层，图层模式设定为"胶化"属性，然后选择画笔面板当中的数字水彩工具→新式单纯水笔来绘制明暗关系。最好再增添一些效果，刻画细节，然后合并图层（图2-68）。

灵活运用以上的绘制方法，可以使同一张服装线稿表现出不同的色彩、面料和笔触，风格各异的服装画就在轻松之中绘制完成了。完成效果如图2-69所示。

图2-66　Painter绘制服装款式图1

图2-67　Painter绘制服装款式图2

图2-68　Painter绘制服装款式图3

图2-69　Painter绘制服装款式图4

三、Photoshop 绘制服装款式图

步骤一：启动 Photoshop 软件，首先新建一个文件或打开扫描好的线稿文件，PSD格式，高29.7cm、宽21cm，分辨率为300像素/英寸。新建图层1打草稿，画出大致轮廓，画完透明度调至50%（图2-70）。

步骤二：在绘制过程中，每画一部分都要新建一层，作画时一定要利用好图层。在图层面板中新建图层2，细化线稿（图2-71）。

步骤三：在图层面板新建一层图层为图层3，铺底色，颜色画到线描外的部分用橡皮工具擦掉。然后利用加深减淡工具，把服装的明暗关系画出来。然后用喷笔工具画喜欢的颜色，利用减谈加深工具画出服装的明暗关系（图2-72）。

步骤四：新建图层，绘画服装的明暗

关系，最后调整关系，添加质感（图2-73、图2-74）。

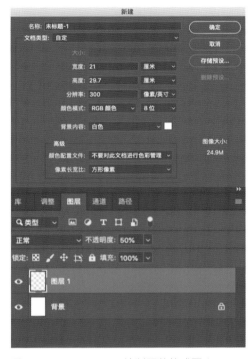

图2-70　Photoshop绘制服装款式图1

图2-71　Photoshop绘制服装款式图2　　图2-72　Photoshop绘制服装款式图3　　图2-73　Photoshop绘制服装款式图4　　图2-74　Photoshop绘制服装款式图5

四、Illustrator软件绘制服装款式图

步骤一：启动Illustrator软件，首先新建一个文件，选择默认A4，210mm×297mm（图2-75、图2-76）。

步骤二：新建一个图层，命名为"草稿"，使用书法工具画出大概轮廓（图2-77）。

步骤三：把"草稿"图层透明度调至50%，新建一个图层命名为"线稿"，把线稿图层拉至草稿图层上方，开始绘制完整线稿。

步骤四：新建一个图层，命名为"衣服"。准备开始用艺术笔刷铺上底色，将服装明暗关系调整区分开，加强对比，多些笔触（图2-78、图2-79）。

步骤五：合并图层，效果如图2-80所示。

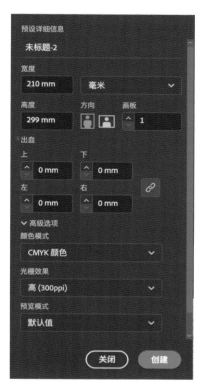

图2-75　Illustrator绘制服装款式图1

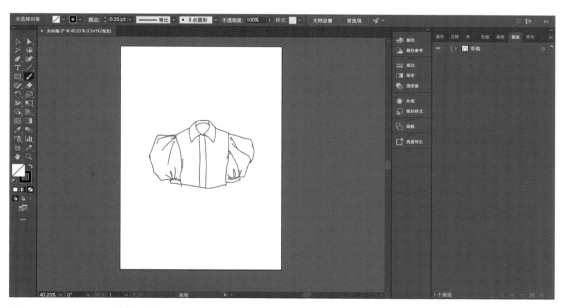

图2-76　Illustrator绘制服装款式图2

图2-77　Illustrator 绘制服装款式图 3

图2-78　Illustrator绘制服装款式图4

图2-79　Illustrator 绘制服装款式图 5

图2-80　Illustrator绘制服装款式图6

五、电脑服装款式图表现

服装款式图是画在纸上的服装正、背面平面图,清楚地标注了所有的缝线和省道。服装款式图也称为服装设计展示图、服装平面图、工作图,是对服装款式设计意图进一步明确清晰的表达,是生产中最重要的环节,有承上启下的作用。在生产制作过程中,借助服装款式图来传达设计意图和指导生产,确保服装产品的工艺质量。因此,对服装款式图的要求极其严格,必须一丝不苟,画法规范,清晰明确,强调工艺结构和实际比例,表现服装类别和局部特殊设计,体现面料性能,表达详尽,包括正面、背面、侧面、剖面、局部。服装款式图大量用于服装成衣的款式开发中,特别是内衣、男装、童装和运动装(图2-81~图2-93)。

图2-81　电脑服装款式图1

图2-82　电脑服装款式图2

图2-83　电脑服装款式图3

图2-84　电脑服装款式图4

图2-85　电脑服装款式图5

图2-86　电脑服装款式图6

图2-87　电脑服装款式图7

图2-88　电脑服装款式图8

图2-89　电脑服装款式图9

图2-90　电脑服装款式图10

图2-91　电脑服装款式图11

图2-92　电脑服装款式图12

图2-93　电脑服装款式图13

六、电脑服装款式图绘制步骤

1. 大衣款式图绘制

步骤一：启动Illustrator软件，首先新建一个文件，选择默认A4，210mm×297mm。首先，绘制大衣的线稿，外轮廓线条偏粗，结构线条偏细，在绘制时需要把握好大衣的整体比例、衣长与人体关系（图2-94）。

步骤二：铺底色（图2-95）。

步骤三：找准明暗关系，笔触可以多些（图2-96）。

步骤四：大衣使用的工艺和辅料较多，需要进一步刻画细节，调整关系，增加面料质感（图2-97）。

图2-94　大衣绘制步骤1　　　　　　　　图2-95　大衣绘制步骤2

图2-96 大衣绘制步骤3　　　　　　　　　　　　图2-97 大衣绘制步骤4

2.西服款式图绘制

步骤一：启动Illustrator软件，首先新建一个文件，选择默认A4，210mm×297mm。首先，绘制出西服的线稿，外轮廓线条偏粗，结构线条偏细。由于西服是服装款式中较为正式的服装之一，所以线条需工整严谨（图2-98）。

步骤二：铺底色（图2-99）。

步骤三：找准明暗关系，笔触可以多些（图2-100）。

步骤四：刻画细节，调整关系，增加面料质感（图2-101）。

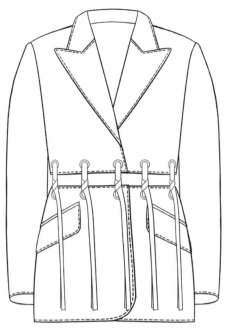

图2-98　西服绘制步骤1

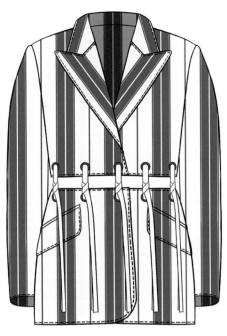

图2-99　西服绘制步骤2

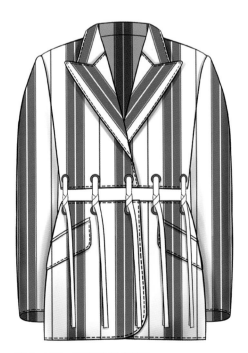

图2-100　西服绘制步骤3

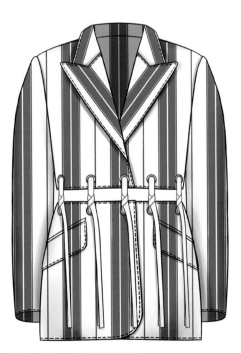

图2-101　西服绘制步骤4

3.短袖上衣款式图绘制

步骤一：启动Illustrator软件，首先新建一个文件，选择默认A4，210mm×297mm。首先，绘制出短袖上衣的线稿，外轮廓线条偏粗，结构线条偏细。短袖上衣款式居多，工艺不同，绘制技巧也不同，注意在绘制过程中需要表现出来（图2-102）。

步骤二：铺底色（图2-103）。

步骤三：找准明暗关系，笔触可以多些（图2-104）。

步骤四：刻画细节，调整关系，增加面料质感，注意褶皱在服装上的表现（图2-105）。

图2-102　短袖上衣绘制步骤1

图2-103　短袖上衣绘制步骤2

图2-104　短袖上衣绘制步骤3

图2-105　短袖上衣绘制步骤4

4.连衣裙款式图绘制

步骤一：启动Illustrator软件，首先新建一个文件，选择默认A4，210mm×297mm。首先，绘制出连衣裙的线稿，外轮廓线条偏粗，结构线条偏细。工装连衣裙作为较帅气的服装，在绘制时，线条需要更挺括有力量（图2-106）。

步骤二：铺底色（图2-107）。

步骤三：找准明暗关系，笔触可以多些（图2-108）。

步骤四：刻画细节，调整关系，增加面料质感（图2-109）。

图2-106　连衣裙绘制步骤1

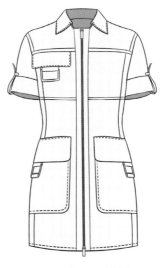

图2-107　连衣裙绘制步骤2

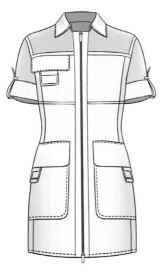

图2-108　连衣裙绘制步骤3

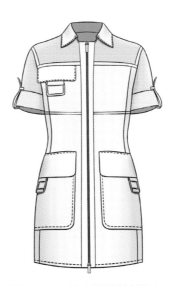

图2-109　连衣裙绘制步骤4

5.皮衣款式图绘制

步骤一：启动Illustrator软件，首先新建一个文件，选择默认A4，210mm×297mm。首先，绘制出皮衣的线稿，外轮廓线条偏粗，结构线条偏细。皮衣与夹克相同，在绘制时，线条需要挺括有力量

（图2-110）。

步骤二：铺底色（图2-111）。

步骤三：找准明暗关系，笔触可以多些（图2-112）。

步骤四：刻画细节，调整关系，注意皮质面料的表现（图2-113）。

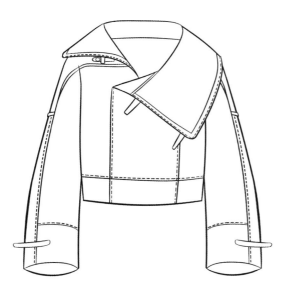

图2-110 皮衣绘制步骤1

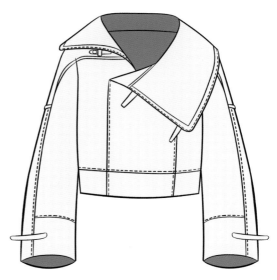

图2-111 皮衣绘制步骤2

图2-112 皮衣绘制步骤3

图2-113 皮衣绘制步骤4

6.短外套款式图绘制

步骤一：启动Illustrator软件，首先新建一个文件，选择默认A4，210mm×297mm。首先，绘制出短外套的线稿，外轮廓线条偏粗，结构线条偏细（图2-114）。

步骤二：铺底色（图2-115）。

步骤三：找准明暗关系，笔触可以多些（图2-116）。

步骤四：刻画细节，调整关系，增加面料质感（图2-117）。

图2-114　短外套绘制步骤1

图2-115　短外套绘制步骤2

图2-116　短外套绘制步骤3

图2-117　短外套绘制步骤4

第三章

电脑服装效果图人体表现技法

课题名称： 电脑服装效果图人体表现技法

课题内容： 1. 头部比例与五官特征

2. 四肢与手足的画法

3. 人体整体与局部的关系

课题时间： 16课时

教学目的： 使学生掌握人体和头像的正确画法，能熟练绘制
人体动态图。

教学方式： 1. 教师联机运用软件绘制服装人体，根据教材内
容及学生的具体情况灵活安排课程内容。

2. 加强人体比例、人体动态的练习，重视人体各
部分的绘制技巧与方法，并合理安排课后人体练
习作业。

教学要求： 要求学生熟练掌握人体比例、不同人体动态以及
细部的绘制，能正确绘制出服装效果图人体。

课前(后)准备： 1. 课前提交完成的课后作业。

2. 课后完成人体动态练习图6幅。

第一节
头部比例与五官特征

尽管头部被视为服装画的重点描绘对象，可以通过对五官的刻画来表达人物的外在特征和内心变化，但与整个人体姿态相比较，头部的刻画始终处于表现的次要位置，在头部绘画学习的过程中，应掌握脸部的"三停五眼"和整体透视的基本法则。在从不同角度观察头部时，五官的位置及其透视关系都会发生变化。同时，在五官的绘制中，以眼部和嘴部的刻画尤为重要，通过运用眼神和口型的变化，以达到强化模特性格特征的目的。

一、头部与发型的表现

1.头部表现

头部在人体表现中占有重要的位置，被视为重点刻画的对象，而在服装效果图中，头部的表现则处于次要地位。如果将头部的五官画得过于精细，就会减弱服装人体、服装款式及服装色彩所具有的美感。所以，表现头部时要采取简练、概括的处理手法，抓住脸部的主要特点刻画。头部的绘制要了解以下内容：

（1）基础线的绘制。绘制基础线时，先确定头顶线的位置，再确定下颌线的位置，两者中间画一条中线并把中线平均划分成四等份，分别是头顶线、发际线、眉眼线、鼻底线、下颌线。

（2）三停五眼。三停是指发际线到眉线的距离＝眉线到鼻底线的距离＝鼻底线到下颌线的距离。五眼是指人体脸部正面观察时，脸的宽度为五只眼睛长度的总和。

（3）五官各部分的位置。眉毛在发际线到眉线的1/4处，耳朵在眉毛到鼻底之间，嘴在鼻底线到下颌线的1/2偏上，两个内眼角的距离＝鼻子的宽度＝嘴的宽度。眼睛在面部的中间，两眼等距离分开。鼻尖处在眼睛水平线和下颌线的等分线与正面中心线交汇的位置。

（4）男性、女性头部特征。男性头部体积较大，趋于方正，前额后倾，眉弓与鼻骨较显著，下颌与额部带方形，枕部突出。在外貌上，男性头部线条趋于刚直，形体起伏较大。女性头部体积较小，面部的隆起和结节部位没有男性显著，但额丘、颅顶丘较突出，额部平直、下颌相对较尖，面部趋圆。在外貌上，女性头部线条趋于柔和，形体起伏较小（图3-1～图3-4）。

图3-1 男性头部画法　图3-2 女性头部画法

（a）　　　　　　　　　　　　　（b）　　　　　　　　　　　　　（c）

图3-3　女性头部表现

（a）　　　　　　　　　　　　　（b）　　　　　　　　　　　　　（c）

图3-4　男性头部表现

2.发型表现

发型在服装设计中扮演着重要的角色，不同的发型如短发、长发、卷发各有不同的风格，必须和服装配合恰当。协调的发型将使服装的风格更具整体感。

发型的画法可分为两种。一种为写实画法，用画笔仔细描绘出发丝和明暗；另一种为写意画法，并不需要一笔一画地描绘发型，只需要画出正确的轮廓，表现出柔和的感觉即可（图3-5、图3-6）。

图3-5　女性发型表现

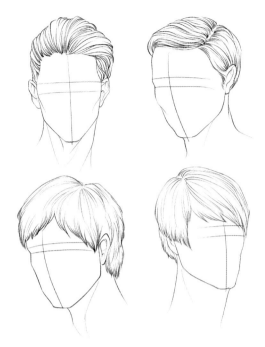

图3-6　男性发型表现

二、眉毛与眼睛的表现

1.眉毛

眉头：粗、浓。

眉峰：细、浓。

眉尾：细、淡。

（1）对眉毛的认识：眉头位于眼头的垂直上方。眉峰位于眼睛直视的眼球外侧上方距眉头约2/3处。眉长为自鼻翼至眼尾斜上去45°的延长线上，眉尾要高于眉头。

（2）眉毛的生长方向：眉头向上生长，中央部位横向生长，眉尾向下生长（图3-7）。

（3）眉峰的位置：眉峰越高，显脸越长；眉峰越低，显脸越短；眉峰越靠近眉头，显脸越窄；眉峰越靠近眉尾，显脸

越宽。

（4）眉毛的长短、粗细变化：长眉会使脸看起来小一些，短眉则会使脸看来显大。粗眉会使脸看起来较瘦，细眉会使脸看起来较大。

（5）常见眉形的分类：

标准眉：眉峰明显，有力度，给人坚毅、简洁之感。

弧形眉：眉峰不明显，显得端庄秀丽。

水平眉：眉头和眉梢在同一水平线上，显得自然而年轻。

高挑眉：即上斜眉，也称上扬眉，精致的眉形，显得成熟娇媚。

下斜眉：眉梢斜向下方，给人以亲切、慈祥、柔美感。

柳叶眉：眉梢的弧度如柳叶一般圆润，

没有眉峰。

（6）脸型与眉形的搭配：椭圆形脸适合各种眉形。圆脸眉头压低，眉峰上扬，可以起到拉长脸形的作用，如挑眉。正方形脸眉头压低，眉峰上扬并尽量不突出眉峰，如线条柔和的柳叶眉。长方形脸较平，略带弧度，缩短五官的距离，如水平眉。由字脸眉峰后移，眉毛拉长，扩张额头的宽度，如下斜眉。申字脸平直，眉峰后移并尽量不突出眉峰，眉尾拉长可以扩张额头的宽度，如弧形眉。眉毛的起笔位置一般，在内眼角的上方，眉头方向朝上，眉梢方向朝下，形成自然的弯曲，通过眉峰的位置和眉毛的长短浓淡来表达情绪。

2. 眼睛

在服装画中，模特眼部的表现更强调个性与神情的表达。眼睛形状与眉形细微的变化所传达出的信息就会有很大差异，为了传神，眼睛的画法是需要反复练习的，尝试各种眼睛与眉形的组合，逐渐总结出具有个人风格的眼部刻画方法。眼睛最重要的是表现神情，为了更好地表达眼睛的传神，应注重用笔轻重与虚实，一般上眼睑要画重一些，眼尾比眼角色重。仰视的眼睛上眼睑比下眼睑的弧度大，俯视的眼睛则是下眼睑比上眼睑的弧度大（图3-7）。

三、鼻子的表现

在服装画中，鼻子的主要结构由鼻骨、鼻翼软骨、鼻孔组成。服装效果图中经常用省略的手法来画鼻子。鼻子的表现要把重点放在把握大体形状和方向上，鼻子一般不用过多刻画，只要简单画出鼻梁和鼻底即可（图3-8）。

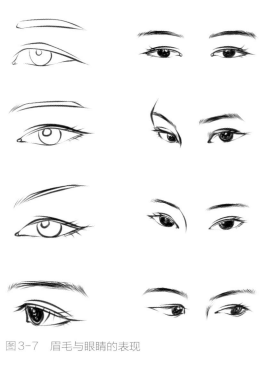

图3-7　眉毛与眼睛的表现

图3-8　鼻子的表现

四、耳朵的表现

耳朵的正确位置是在眉线至鼻底线之间。在实际绘画过程中，耳朵经常被简化处理或省略。绘画重点是在确定其位置和大小的同时，对不同角度耳朵外轮廓的描绘。耳朵从外轮廓看呈半圆形，含耳轮、耳孔等诸多结构，耳朵画法对于素描人物头像来说，画好其中的每一个器官，对形象的把握是极其重要的，而耳朵在人物头像绘画五官中占据着极重的分量。在对人物头像耳朵的表现时，要从以下几个步骤逐步进行：

第一步，要找准耳朵的外部形状。耳朵的外部呈半圆状态，有耳廓、耳孔等结构，在进行绘画表现时，要先用直长线条大体画出耳朵的外轮廓，与此同时，还要考虑两面的构图安排。

第二步，刻画出耳朵的局部形状。这个阶段要用短直线条表现，便于把形画得较为准确，用线时力度要轻一些，便于修改。

第三步，画大体的明暗。这个步骤要把耳朵的大的明暗效果较为简练地勾画出来，使用较细的画笔进行勾线绘画。要注意用笔力度的轻重变化，一般情况下，线条起笔和收笔较轻，中间行笔较重，这样画出的形才更具有轻灵、通透的视觉效果（图3-9）。

五、嘴的表现

嘴的结构由上唇、下唇、嘴角、口缝（口裂线）及人中组成，一般上嘴唇比下嘴唇厚，嘴角、口裂线要画得色重一些。嘴唇是表达模特情感，显露模特个性特征的重要部位。上嘴唇结构和嘴角是嘴的主要特征，可以作为重点表现，一般上唇比下唇略微长，厚一些，稍微向前突出，以体现嘴唇的立体感，画嘴部时切忌用笔过多，注意其明暗虚实变化（图3-10）。

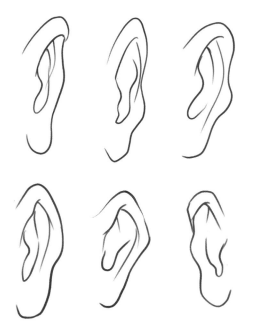

图3-9 耳朵的表现

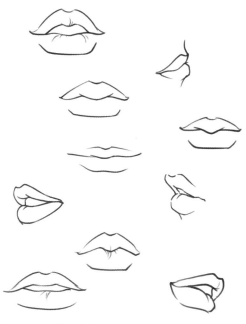

图3-10 嘴的表现

第二节
四肢与手足的画法

一、手臂画法

服装效果图中的手臂做拉长、简化处理。比例是前臂的长度与上臂等长。练习常用的手臂姿势，注意观察手臂上曲线的微妙变化。手臂从肩膀到肘关节逐渐变细，肘关节以下宽度又变粗，当到手腕时，就变得更加细了。当手臂弯曲时，肌肉曲线看起来更加明显（图3-11）。

二、手的画法

服装效果图中手的表现有一定难度，是在正常手形的基础上经过适度的夸张而完成的。通常不要把手画得太小，否则和拉长的人体不成比例。手是由腕骨、掌骨、指节骨三个部分构成。腕骨上接手臂的尺骨和桡骨，下接掌骨，从中起到屈伸与滑动的作用。手腕的形体较小，特征不明显，容易被忽略掉，但必须将其表现出来。对手的描绘不仅要了解其结构，同时还要认识和把握手形的外部特征。手的掌部呈六边形。手指从指根到指尖逐渐变窄，合并手指时，可把手归纳成一个从旁侧伸出拇指，下面伸出其他手指的长方体。张开手指时，手的形状呈扇形（图3-12）。

描绘手形时，可将拇指和其他四个手指分两部分处理。拇指、食指和小指的表现力

较强，通常以这三指的特点来画手的形态。先确定手掌的宽度，食指和小指的位置，手指的长度，把食指、中指、无名指和小指作为一个整体来画，注意这四个手指的指缝位置比较接近，拇指缝离它们较远。手的结构比较复杂，在服装效果图中，重点要放在手的外形和整体姿态的表现上。

画女性的手时，手指部分适当拉长，手掌部分稍短。注重女性手指的纤细、修长，不强调指关节的刻画和突出。但男性手的刻画则线条要有力度，手型粗壮、方直，有力量感。

三、脚的画法

脚由脚趾、脚掌和脚后跟三个主要部分组成，三者构成一个拱形的曲面，站立时一般是脚趾部分和脚后跟着地。脚的内踝大面高，外踝低而小，这两个骨点对于表现脚的特征有着重要作用。脚面外侧向趾端方向逐渐变薄。脚趾可分大脚趾和其余四趾，大趾粗面外突，其余四趾弯而弓，大趾和小趾向内倾，中间三趾微向外倾。表现脚时，要注意观察脚和小腿的关系，确定脚的方向和透视特点，在脚的大形上安排好脚趾的位置和比例，并且在长度上必须稍加夸张，使脚的长度接近头的尺寸，甚至有时大于头的尺寸（图3-13）。

在服装效果图中，脚一般都是借助鞋的造型结构来表现的，单纯刻画脚的时候比较少。虽然鞋的式样千变万化，但都脱离不开脚的形象特征。两只脚的面向是各自略朝外前方的，形成一个"八"字形。

行走时，两只脚由于透视的关系，前面的一只脚应画得大一些，落点稍低；后面的一只脚小一些，落点稍高。

女性在穿着高跟鞋时，鞋跟越高，从正面和3/4面看脚就越长。如果穿平底鞋，从正面看脚就显得短而宽了。我们可以把侧面的脚形归纳为直角形，鞋跟越高，其

一条直角边则越长。但正面角度就很难用简单的几何形来概括，只有通过局部的写生和临摹来加强对脚和鞋的结构的理解，从而表现出准确的透视关系。另外，在表现鞋时，鞋带、缝制线等细节的加入，也会有助于把鞋画得真实。

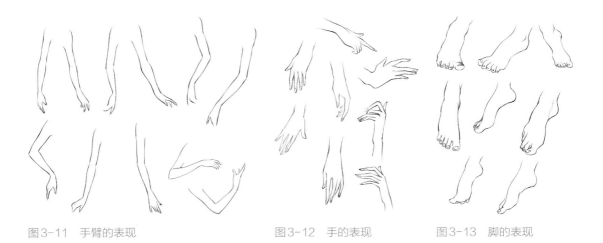

图3-11　手臂的表现　　　　　　　图3-12　手的表现　　　　　　　图3-13　脚的表现

人体是服装效果图构成的基础因素。人体美因不同时期、不同地域的审美标准而各不相同。人们为了得到具有普遍意义的理想人体比例，对不同人种的体形、肤色等因素进行了大量的对比、测定和选择之后得出结论：女性最完美的人体比例为八个半头长，即以头长为基准，从头顶到脚底总长为八头半长。这一理想比例为服装设计师提供良好的创作空间，因此又把这一比例称为服装人体比例。

一、八头半人体的比例

八头半人体的具体比例：第一头高：自头顶到下颚底；第二头高：自下颌底到乳点；第三头高：自乳点到腰部最细处；第四头高：自腰部最细处到耻骨点；第五头高：自耻骨点到大腿中部；第六头高：自大腿中部到膝盖；第七头高：自膝盖到小腿中上部；第八头高：自小腿中上部到踝部；第八头半高：自踝部至地面。肩峰点在第二头高的二分之一处，肩峰到肘部为一个半头长，手部到腕骨点为一个头长

多些。手为四分之三头长，脚为一个头长。在作为工业生产依据的服装效果图中，多采用八头半至十头身的比例关系，以便于打板师根据其进行打板。在作为纯艺术欣赏性的服装画中，头身比例不存在任何限制，作者可根据自己的创作需要任意夸张、渲染（图3-14、图3-15）。

八头半身人体横向也有一定的参考比例，横向比例通常指肩宽、腰宽和臀宽。女性肩宽约两头宽，腰宽约一个半头宽，臀宽约等于肩宽或略大于肩宽。男性肩宽约两头长，腰宽约一头长，臀宽窄于肩宽。这些基本比例可根据服装设计的意图而进行调整，在学习的过程中，要先熟练掌握人头半身的人体比例，再把九个格子的拐棍扔掉，依照自己的需求画出满意的服装人体（图3-16～图3-19）。

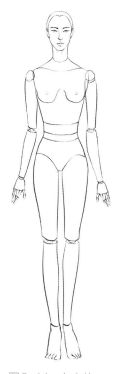

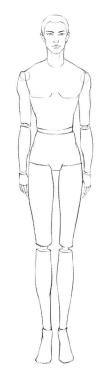

图3-14　女人体　　　　　图3-15　男人体

图3-16　女人体表现1　　　图3-17　女人体表现2　　　　图3-18　女人体表现3　　　图3-19　男人体表现

二、人体姿态与重心的关系

为了丰富画面的生动性，增加感染力，使服装形态活泼自然，就要画出有一定动感的人体姿态，以配合服装的展示要求。服装画所需要的人体动态是基本稳定的，也就是说，要以站立姿态为基本动态，不需要过于激烈的动势，而是在颈、肩、腰、臀、腿等几个部位稍加动势即可。画动态人体要注意以下几条线的变化，如中心线、肩线、腰线以及臀围线。这几条线在人体产生动势的过程中会自然地偏离和倾斜。例如，当一个居中站立的人体，其肩线左方降低时而左方臀围线相应升高，左方的腿部就向人体中心线靠拢，以保持动态的稳定感。学习服装设计必须掌握至少三种以上的男性和女性的人体动态，只有这样，才能胜任服装的设计工作。学习绘画动态人体，可以采用先临摹后默记的方法，最终将其掌握。服装人体姿态的基础是写实的速写人体，写实人体是尊重客观对象的。而服装人体经过艺术处理，肩、腰、髋的动态更明显，姿态更夸张，四肢更加修长、舒展，强调人体着装后的良好状态（图3-20）。

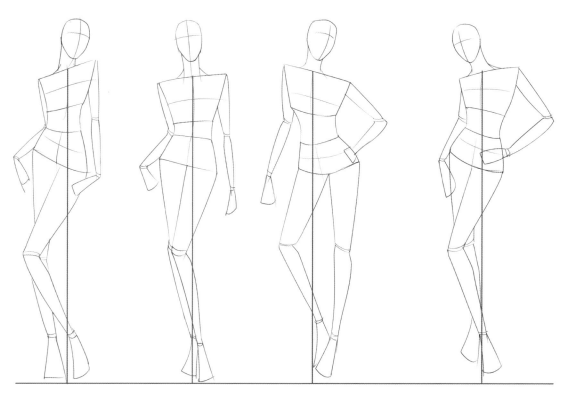

图3-20　人体动态表现

第四章

电脑服装效果图基础表现技法

课题名称： 电脑服装效果图基础表现技法

课题内容： 1. 线的表现方法

2. 服装褶皱的表现

3. 服装配饰和图案的表现

课题时间： 16课时

教学目的： 使学生掌握线条的特点和表现形式，运用熟练线条表现服装的面料质感、褶皱等。在教学中让学生深切感受到传统文化的魅力。

教学方式： 1.教师PPT讲解基础理论知识，根据教材内容及学生的具体情况灵活安排课程内容。

2.加强线条的练习，重视服装褶皱、配饰和图案的表现。

教学要求： 使学生熟练运用软件绘制线条表现服装的面料质感、服装款式、褶皱形态及配饰图案等。

课前（后）准备： 1.课前提交完成的人体动态图纸。

2.课后完成服装线稿练习图2幅。

第一节
线的表现方法

　　线是中国画诸多绘画形式中的重要造型手段，同样也是电脑服装效果图的重要造型基础。线的表现方法讲究勾勒、转折、顿挫、浓淡、虚实等。服装效果图的用线可以说源于绘画的用线。特别是绘画中速写的用线，但又区别于纯绘画的用线。效果图中的用线要求整体、简洁、洒脱、高度概括和提炼，以突出表现服装的造型结构、面料肌理和服装整体艺术感觉为目的。

一、匀线

　　匀线的特点是线条挺拔刚劲、清晰流畅，与国画中的铁线描相类似。匀线一般是用来表现那些轻薄、韧性强的面料，如天然丝织物和人造丝织物，天然棉麻织物和人造棉麻织物，现代轻薄型精纺织物等。由于这类面料的内部成分和织纹组织各有不同，其外观的感觉各有差别。因此，在用线上需要顺应面料的各种感觉，如丝织物的线条是长而流畅（图4-1～图4-4）。

　　棉织物的线条短而细密，而麻织物的线条则是挺而刚硬。在用笔上要注重表现这些外观特征，使服装的造型效果呈现出一种规整、细致、高雅且富于一定的装饰性，用来画匀线的笔通常可以选择Painter中的钢笔，同时不用设置压感。

图4-1　匀线的表现1　　图4-2　匀线的表现2

图4-3　匀线的表现3　　图4-4　匀线的表现4

二、粗细线

粗细线的特点是线条粗细兼备、生动多变。粗细线一般用来表现一些较为厚重、柔软而悬垂性强的面料，如纯毛织物、毛料混纺织物和仿毛织物等。此类织物肌理感觉圆满而柔顺。用线力求刚柔结合，灵活生动，使服装的造型感觉具有一定的体积感。通过电脑软件绘制粗细线，可以通过控制画笔的绘画力度来实现粗细线条。初学者可能会出现线条抖动、不均匀等情况，可以选择SAI来绘制线稿，将防抖级别设置高一些，同时在绘制长线条时，不要太慢，注意绘制的画笔方向，一气呵成。最重要的是，要通过反复练习来提高线条的绘制水平（图4-5～图4-11）。

图4-5　粗细线的表现1　　图4-6　粗细线的表现2　　图4-7　粗细线的表现3　　图4-8　粗细线的表现4

图4-9　粗细线的表现5　　图4-10　粗细线的表现6　　图4-11　粗细线的表现7

三、不规则线

不规则线的用笔常常借鉴和吸取传统艺术形式中的线条感觉，如石刻、画像砖、汉瓦当及青铜器的用线，其线条古拙苍劲、浑厚有力。不规则线一般适合表现那些外观凹凸不平、粗质感的面料，如各种粗纺织物、编织物等。不规则线一般用毛笔的侧锋来勾勒，在勾线的过程中手腕自然地颤动而形成。同时，不规则线并不完全局限于这种勾线方法，也可以用其他笔画出各种表现粗质感的线。不规则线能使服装造型呈现出一种大体量和厚重感。电脑绘制时可以选择SAI或PS进行，一定要注意画笔设置线条粗细变化，也可以根据画面需求，对线条进行粗细描摹，达到理想的画面效果（图4-12、图4-13）。

图4-13 不规则线的表现2

图4-12 不规则线的表现1

在服装设计效果图用线的过程中，值得指出的是，如何处理衣纹和衣褶的问题？特别是在表现一些棉麻类服装造型时，常常将衣纹和衣褶混淆在一起，对于初学者来讲，取舍和主次关系很难把握。

一、衣纹的表现

衣纹是人体运动时所引起的服装表面

的衣纹变化，这些起伏变化直接反映着人体运动幅度的大小及人体各个部位的形态。当人体处于某种运动状态时，各个部位由于对衣服产生伸拉作用而导致服装各个部位出现了松紧量。这种松紧量的表现形式就是衣纹，衣纹一般多出现在人体四肢的关节处、胸部、腰部及臀部（图4-14～图4-19）。

在服装效果图中，由于服装的面料质感多种多样，其衣纹的表现形式也各具特色，这就必然给效果图的用线带来一定的难度。假如对于每一种面料所产生衣纹都如实表现的话，那将会造成用线混乱。因此，需要对众多的服装面料从材料、物理性能及外观效应等方面进行系统的分类和归纳。正如上面所讲的那样，要善于总结出主要的几种类别的衣纹类型，选用几种相对应的用线进行概括表现。

图4-14 棉织物衣纹的表现1　　图4-15 棉织物衣纹的表现2　　图4-16 镂空衣纹的表现

图4-17 牛仔衣纹的表现　　图4-18 皮毛衣纹的表现1　　图4-19 皮毛衣纹的表现2

二、衣褶的表现

衣褶和衣纹有着本质的区别。如果说衣纹是反映服装面料的质感和人体运动的状态所自然产生的话，那么，衣褶则是服装设计的表达方式和结构特征的人为创作的结果。因此，衣褶与服装的造型和工艺手段有直接的关系，常见的衣褶一般分为活褶和死褶两种。活褶是指用绳、松紧带或其他手段，通过抽系、折叠而形成的无规律的褶裥，这种褶给人的感觉是自然而洒脱的（图4-20、图4-21）。死褶是运用服装工艺而制成的有规律的褶裥，这种褶给人的感觉是严谨而规整（图4-22、图4-23）。以上两种衣褶都属于服装设计的范畴，也是现代服装设计的重要的表达形式之一。

在服装效果图的用线中，对衣纹和衣褶的表现是有区别的。衣纹的表现应力求简化和省略，衣褶则应如实地表现清楚。在一张效果图中，衣纹和衣褶常常同时并存，而过多的衣纹又往往会扰乱服装结构（如缝份、省道、开衩等）的表现。因此，在用线时要有取有舍，当衣纹和衣褶产生矛盾时，衣纹应让位于衣褶，极力避免用线上的喧宾夺主，以突出和强化服装的造型结构为目的。

图4-20　活褶的表现1

图4-21　活褶的表现2

图4-22　死褶的表现1

图4-23　死褶的表现2

第三节
服装配饰和图案的表现

一、服装配饰的表现

服装配件一般包括帽子、包、鞋、首饰等，这些配件的表现各有其特点。

1.帽子的表现方法

帽子是戴在头上以美化头部为主的配饰，处于一个引人注目的位置。由于帽子与服装有着直接的关联，在表现上应注意与服装设计效果图的一致性与协调性。当帽子作为单独表现的产品时，需要重点表现出帽子的造型结构和材料质感的特征（图4-24）。

图4-24　帽子的表现

2.包的表现方法

与服装的发展变化一样，包的款式繁多，材质也多种多样。对于包的表现，主要是其造型结构特征与服装造型的统一关系（图4-25）。

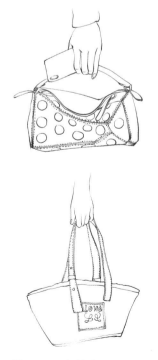

图4-25　包的表现

3.鞋的表现方法

鞋的款式十分丰富，其造型结构也千变万化。鞋的表现有一定难度，特别是与一些女装相搭配的新款鞋，还有一些运动鞋的款式，其结构也极为复杂。同时，一些看似结构简洁的鞋，其造型曲线极为精致和考究。因此，对于鞋的表现，要用心体会并给予足够的重视（图4-26、图4-27）。

4.首饰的表现方法

首饰在设计时，要求与服装是一个有机整体，所以，在其表现上也是相对统一的。首饰的款式一般与服装的造型风格相协调。

例如，在与一些高级时装或礼服相匹配的首饰中，其款式精致、华丽；与一些休闲装或生活装相匹配的首饰款式较轻松、自然；与牛仔装相匹配的首饰款式则是较为粗犷的。值得注意的是，一方面，首饰在服装的整体视觉中往往起到一种点睛的作用；另一方面，就整套服装的艺术效果来看，首饰毕竟是用于陪衬主体出现的，因此，要注重首饰与服装的宾主关系。当然，当首饰作为一种独立的产品设计时，其表现方法和形式就另当别论了（图4-28～图4-30）。

另有一些服饰配件，如眼镜、手套、袜子等，这些都是与服装相配套的附属品，

图4-26 鞋的表现1

图4-27 鞋的表现2

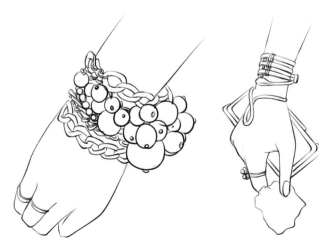

图4-28 首饰的表现1

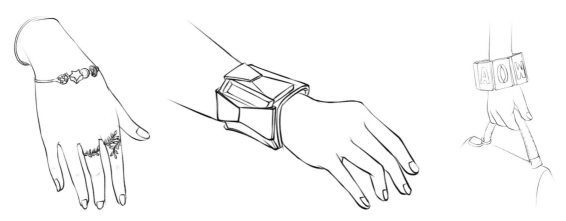

图4-29　首饰的表现2

图4-30　首饰的表现3

在表现方法上，也应该从属于服装的整体造型风格，与服装的表现取得协调一致的艺术效果。

二、服装图案的表现

服装画中对于图案的表现主要为服装面料上的图案和装饰在服装上的各种图案。一般面料上的图案有印花图案和织花图案两种；图案种类主要有花卉图案、植物图案、动物图案、人物图案、风景图案、几何图案、条格图案及抽象图案等。图案的构成形式有单独图案、适合图案(也称适形图案)、二方连续图案、四方连续图案等。装饰在服装上的图案需要通过一定的装饰工艺，常见的装饰工艺有数码喷墨印花、刺绣、蕾丝、手绘、镂空、剪贴、手工钉珠、衍缝及编织等，各种不同的工艺技术与图案完美结合在一起。图案装饰部位一般是单独图案和适合图案，多用在胸部、背部等；二方连续图案和四方连续图案多用在领子、门襟、下摆、袖口等部位。在服装画的绘制过程中，需要表

现出各种装饰图案的装饰工艺特点和装饰风格。要善于根据不同的服装类型来选择不同的图案种类，根据服装的装饰部位来确定图案的构成形式，进而根据不同的图案形式来选择相应的装饰工艺(图4-31～图4-34)。

图4-31　花卉图案的表现

图 4-32　蕾丝图案的表现　　图 4-33　格子图案的表现　　图 4-34　装饰图案的表现

第五章

服装材质的表现

课题名称：服装材质的表现

课题内容： 1. 绸缎面料的表现

2.皮革面料的表现

3.格子呢的表现

4.纱与蕾丝的表现

5.针织面料的表现

6.棉麻面料的表现

7.牛仔面料的表现

8.毛皮面料的表现

9.镂空面料的表现

10.图案面料的表现

11.服装饰物的表现

课题时间：28课时

教学目的：使学生掌握服装常见材质的特征并能进行细致刻画，熟悉特殊材质的表现工具及表现效果。

教学方式： 1.教师联机运用软件绘制各种服装材质，根据教材内容及学生的具体情况灵活安排课程内容。

2.加强材质质感的练习，提升学生的观察力和色彩表现能力，鼓励学生能进行深入细致的刻画练习。

教学要求：掌握服装效果图中不同服装面料及服装配饰的表现手法与技巧，使服装材质的表现与服装风格统一，增强服装效果图的真实性和艺术表现力。

课前（后）准备： 1.课前提交完成的服装线稿练习图。

2.课后完成服装材质练习图11幅。

与手绘服装效果图相同，服装面料质感的表现是电脑服装效果图的重要内容。由于服装效果图大多表现着装后的效果，因此，在服装效果图中，要利用不同的绘制工具，选用相应的表现手法，体现面料质感的外观特征，形成视觉上的面料质感肌理。

第一节
绸缎面料的表现

一、绸缎面料的特征

中国是著名的"丝绸之国"，也是历史上第一个发明丝绸的国家。千百年前，丝绸就是一种重要的贸易品，其中最为著名的就是丝绸之路。中国丝绸的起源可以追溯到5000年前的新石器时代，商周时期已经出现了罗、绮、锦、绣等品种。

丝绸织物手感柔软、轻薄，色泽鲜艳而稳重，图案精细。丝绸面料的品种多种多样，所呈现的外观效果也不尽相同，但从总体而言，它的光泽好，悬垂性强。表现具有飘逸感的丝绸质感在描绘时，要求勾画线条细腻光滑、流畅。强调面料的轻薄、飘逸的特点，可将这类丝绸面料的服装效果图绘制成处于飘动状态，从而加强面料的轻盈感。丝绸服装穿在人体上，往往有一边紧贴人体的外形结构，另一边则呈现出展开和下垂状。如配上一根腰带，腰带以上的部分又经常下垂，使腰带部位被下垂的衣服遮住，这是丝绸服装的特点之一。在描绘

时应注意表现这些细节以得到较好的效果。

表现具有良好光泽感的绸缎面料时，要明白丝绸织物由蚕丝织成，具有对光线的反射功能。因此，其具有柔和的光泽，但这种光泽感明显区别于皮革和金属丝等面料。表现绸缎的质感，从表现其柔和光泽入手是十分必要的。注意在描绘其光泽时，不要把明暗反差画得太大，闪光部分避免画得生硬。要增加面料的叠加效果，注意设置画笔的不透明度和阴影部分的刻画，使其能够自然的渗透，产生柔和的效果。

二、绸缎面料的绘制步骤

（1）用SAI软件中的铅笔描绘出整体的形，选择主要的或视觉中心的褶皱细节进行刻画，以便更好上色。也可把线稿换为其他颜色，看个人习惯（图5-1、图5-2）。

（2）给裙子确定配色并用画笔进行绘制（图5-3、图5-4）。

（3）在底色的基础上选择更深一点的颜色，使其更加融合，上阴影的时候铅笔"最小大小"处不勾选，上色更加生动，绘制时应注意颜色的过渡衔接（图5-5、图5-6）。

（4）找出褶皱的阴影，填充颜色，大概的立体关系就绘制出了（图5-7）。

（5）选择比阴影更深一些的颜色继续加深阴影，增加效果，在亮色区域中点高光。选择和底色色调一致的亮粉色，注意和亮处区域区分开（图5-8）。

（6）这是整体加高光的效果，有种绸缎的顺滑感（图5-9）。

（7）绸缎面料服装效果图图例如图5-10所示，实物图例如图5-11所示。

图5-1　绸缎的表现1

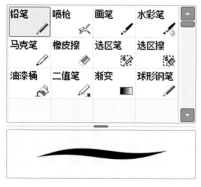

图5-2　SAI笔刷设置1

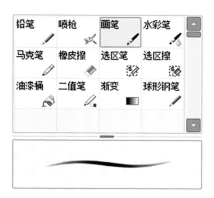

图5-3　SAI笔刷设置2

图5-4　绸缎的表现2

图5-5　绸缎的表现3

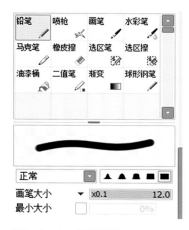

图5-6　SAI笔刷设置3

图5-7　绸缎的表现4

图5-8　绸缎的表现5

图5-9　绸缎的表现6

图5-10　绸缎面料服装效果图图例　　　　图5-11　绸缎面料服装实物图例

第二节
皮革面料的表现

一、皮革面料的特征

　　皮革面料的主要特征是它光滑的外观和有较强的光泽，特别是皮革服装穿着于人体后在四肢屈伸处起折皱的地方易产生高光。动物皮革比人造皮革光感柔和。

　　表现皮革面料的质感，注重光泽感是关键。一般以写实的手法，如素描、速写和

水彩、水墨的方法表现。皮革属于比较厚的面料，所以皮革服装上的衣纹比较硬而圆浑，产生的高光也显得较生硬。另外也可用简练的概括、省略手法，不追求完全写实的效果。例如画高筒皮靴，先勾出靴子的外轮廓，然后用画笔沿靴皱的走向自上而下略带弧度的左右行笔，留出较多空白，便可轻松活泼地表现出皮靴的质感。

二、皮革面料的绘制步骤

　　（1）用SAI的铅笔绘制好线稿，选取一件皮革衣服的腰间处进行绘制，用黑色起

稿（图5-12、图5-13）。

（2）选择适中的颜色上底色，区分阴影和亮色黑白灰关系，如图5-14所示，厚涂笔涂出基本底色（图5-15）。

（3）选择比底色深一点的颜色加深阴影，如果颜色太深，找不到想要的颜色，可适当调整透明度（图5-16）。

（4）继续加深阴影（图5-17）。

（5）持续加深，注意颜色不要太深（图5-18）。

（6）如图5-19所示是持续加深后的效果，整体和绸缎有点像，但是画法都是一样的。

（7）区分绸缎和皮革的就是高光，皮革服装高光要很突出，加强明暗对比的刻画，突出画面的层次感，效果如图5-20所示。

（8）皮革面料效果图图例如图5-21所示，实物图例如图5-22所示。

图5-12　皮革的表现1

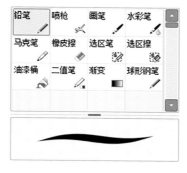

图5-13　SAI笔刷设置1

图5-14　皮革的表现2

图5-15　SAI笔刷设置2

图5-16　皮革的表现3

图5-17　皮革的表现4

图5-18　皮革的表现5

图5-19　皮革的表现6

图5-20　皮革的表现7

图5-21　皮革面料效果图图例　　　　图5-22　皮革面料实物图例

第三节
格子呢的表现

一、格子呢的特征及表现

　　毛呢是秋冬装的主要面料，其质地柔和，手感细腻舒适，还呈现出一种表面粗糙不平、凹凸起伏的质感。要表现这种面料的质感效果可借用各种象征性的技法。

1.方格呢

　　方格呢手感舒适、厚实，纹样秩序感强，给人温暖感，用途广泛。用SAI中的画笔工具画出格纹，并交错填充颜色；依序填充另一种颜色；错落有致地填充第三种颜色，并用不同色系的颜色在各色格子中画出斜线，以表现织物的质感；用断续线画出相交的十字线。在表现时要注意透视关系，方格线要一笔一笔按面料花纹的走向画。

2.人字呢

纺织物中常见的"人字纹"看似是图案，实际是由服装面料不同的组织结构而形成。人字呢韧性与伸缩性佳，透气性好，保温性强，不易起褶，光泽含蓄。铺淡彩底色，晕染开后用较为粗糙的画笔画出竖条纹；画出长短、方向、宽窄一致的小斜线；图逆向画小斜线，使其呈"人"字形；加重阴影，突出明暗，使其具有毛织物的质感。

二、格子呢的绘制步骤

（1）用SAI中的画笔工具画格子呢，先铺底色，然后绘制条纹（图5-23、图5-24）。

（2）用厚涂笔调成如图5-25所示笔刷，就能画出多线条的感觉，然后区别毛呢的亮暗面，画出暗面（图5-26）。

（3）做成渐变的效果，注意光源的方向（图5-27）。

（4）选择深颜色的条纹铺上去（图5-28）。

（5）铺最上层的不同颜色条纹，注意颜色搭配要协调（图5-29）。

（6）点击PS中的"滤镜"→"杂色"→"添加杂色"，选择"高斯分布"→"单色"，绘制面料的肌理效果（图5-30、图5-31）。

（7）然后点击"滤镜"→"模糊"→"高斯模糊"，设置半径为1（图5-32、图5-33）。

（8）格子呢服装效果图图例如图5-34所示，实物图例如图5-35所示。

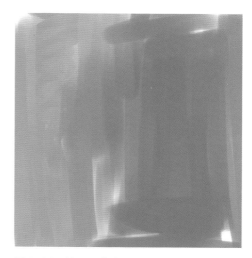

图5-23 格子呢的表现1

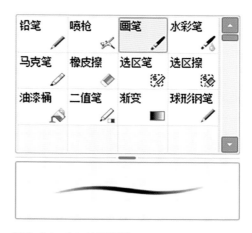

图5-24 SAI笔刷设置1

图5-25 SAI笔刷设置2

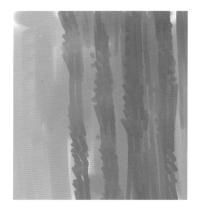

图 5-26　格子呢的表现 2

图 5-27　格子呢的表现 3

图 5-28　格子呢的表现 4

图 5-29　格子呢的表现 5

图 5-30　格子呢的表现 6

图 5-31　格子呢的表现 7

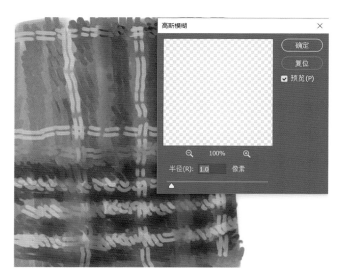

图 5-32　格子呢的表现 8

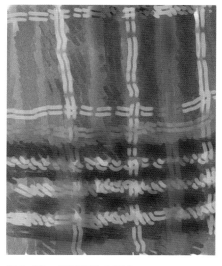

图 5-33　格子呢的表现 9

图5-34 格子呢服装效果图图例　　图5-35 格子呢服装实物图例

第四节
纱与蕾丝的表现

一、纱与蕾丝的特征

　　薄纱类面料分为软、硬两种，在用线时需有所区分。描绘薄纱时笔触要轻，多选用水彩，避免过于厚重的颜色和色调。应注意薄纱透明感的表现，一般先画好人体皮肤色和被纱包裹住的部分颜色，再在纱的部分薄薄地涂上颜色，并通过淡彩的反复叠加，表现出多层次的透明感，最后勾画轮廓和细节。

　　蕾丝精致而繁复，表现上具有一定的难度，既要展现蕾丝的花形与质感，又要考虑画面的整体效果，绘制时一般在蕾丝与刺绣的位置，将大体的纹样结构和色调表现出来就可以了，可以局部强调蕾丝的立体效果，注意虚实结合和前后层次关系的表现。

二、纱面料的绘制步骤

（1）用SAI中的铅笔工具描绘基本线稿（图5-36、图5-37）。

（2）选择底色并用画笔工具进行填充，找出阴影部分（图5-38、图5-39）。

（3）分块找阴影，分出亮灰暗（图5-40）。

（4）持续加深阴影，找出所有暗面（图5-41）。

（5）厚纱的颜色边缘最好浅一些，再进行整体提亮（图5-42）。

（6）纱服装效果图图例如图5-43所示，实物图例如图5-44所示。

图5-36　纱的表现1

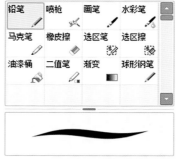

图5-37　SAI笔刷设置1

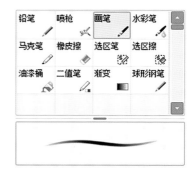

图5-38　SAI笔刷设置2

图5-39　纱的表现2

图5-40　纱的表现3

图5-41　纱的表现4

图5-42　纱的表现5

图5-43　纱服装效果图图例

图5-44　纱服装实物图例

三、蕾丝的绘制步骤

（1）蕾丝的表现，也是先铺好底色，底色要选择大致的基本色调（图5-45）。

（2）开始铺覆盖在皮肤上的薄纱，并画出暗面、灰面、亮面，因为一般纱都比较薄，所以颜色不需要太重（图5-46）。

（3）画出蕾丝图案的大体位置（图5-47）。

（4）画好大体位置后，进行细节刻画（图5-48）。

（5）继续画蕾丝图案细节（图5-49）。

（6）最后，绘制细节线条，让面料显得更为精致（图5-50）。

（7）蕾丝服装效果图图例如图5-51所示，实物图例如图5-52所示。

图5-45　蕾丝的表现1

图5-46　蕾丝的表现2

图5-47　蕾丝的表现3

图5-48　蕾丝的表现4

图5-49　蕾丝的表现5

图5-50　蕾丝的表现6

图5-51　蕾丝服装效果图图例

图5-52　蕾丝服装实物图例

第五节
针织面料的表现

一、针织面料的特征

　　针织物由相互穿套的纱线线圈构成，具有一般织物没有的伸缩性和悬垂感。在画针织服装时，主要应注意其自身的纹理变化，肌理感强的棒针手编织物、精细而柔软的羊绒织物、透气而舒适的棉毛混纺织物都要用不同的技法来表现。除了因纱线粗细不同而产生的肌理变化外，表现重点还应集中在针织物特有的针法变化上，如罗纹、钩花、拧花等织纹效果的表现。针织面料具有良好的弹性，穿着时紧贴人体。有些尽管是宽松的造型但在人体的突出部位，同样能够体现出人体的线条美。另外，针织面料非常柔软，穿着舒适，组织结构自成体系。针织面料的这些特征是我们表现其质感的关键。由于紧身弹力的针织服装紧贴在人体上，所以可直接在人体上勾画服装的结构线，以此表现针织服装的弹性和紧身的特点。图案和填色就能够表现其质感，在描绘时要减弱人体的起伏，删除人体表面细小结构和肌肉的起伏。在弯曲的关节部位，要画出服装的一定厚度和微弱的衣纹线条。表现紧身线型的针织服装要将人体的比例姿态画得优美、准确。人体画得好坏是表现紧身服装的关键。为增加针织面料的效果，在涂好的色块上画上一些细条纹，可增加弹力针织面料的质感。

　　模仿针织面料组织结构的纹路，其组织结构较粗纺面料更细腻，所以要耐心地仔细描绘。也可以采用一块模板进行填充。表现针织面料的纹路为避免呆板，纹理的铺设不一定要在轮廓线之内，可超出轮廓线，也可以不铺满，留出空白。表现收口处的罗纹部位时，由于纹路明显。可选择细笔将其表现出来。

　　模仿针织服装柔软、外形不稳定性的轮廓特征，针织面料结构疏松，手感柔软，使得服装松懈，呈现松垮的外轮廓。抓住针织服装这一特性，即使在画中不表现色彩和肌理，仍然能传达针织服装的信息。所以，注意观察，掌握针织服装穿在人体上的轮廓状态，对表现针织服装的质感十分必要。

二、针织面料的绘制步骤

　　（1）画出基本底色，多画几层如图5-53所示，用水彩笔笔刷（图5-54）。

　　（2）新建图层，用比底色浅的颜色画竖条纹（图5-55）。

　　（3）持续用浅颜色提亮，区分开来，笔刷不变（图5-56）。

　　（4）底色加重，让对比更强烈一些（图5-57）。

　　（5）在亮部的基础上画深色笔触（图5-58）。

　　（6）打开PS，"滤镜"→"杂色"→"添加杂色"，选择"高斯分布"→"杂色"（图5-59）。

　　（7）"滤镜"→"模糊"→"高斯模糊"，具体操作如格子呢步骤一样设置半径为1（图5-60~图5-62）。

　　（8）针织服装效果图图例如图5-63所示，实物图例如图5-64所示。

图 5-53　针织物的表现 1

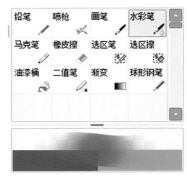

图 5-54　SAI 笔刷设置

图 5-55　针织物的表现 2

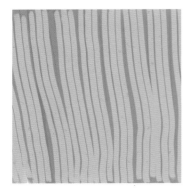

图 5-56　针织物的表现 3

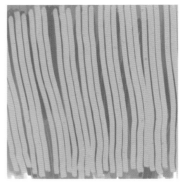

图 5-57　针织物的表现 4

图 5-58　针织物的表现 5

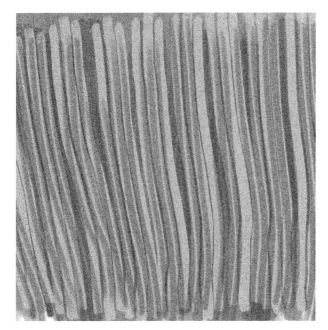

图 5-59　针织物的表现 6

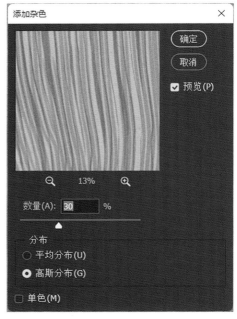

图 5-60　PS 添加杂色设置

图5-61　针织物表现7

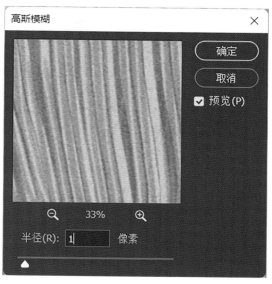

图5-62　PS高斯模糊设置

图5-63　针织服装效果图图例

图5-64　针织服装实物图例

第六节
棉麻面料的表现

一、棉麻面料的特征

翻开中国棉麻史，棉麻纺织在我国有悠久的历史，它是中华古老文明的一个重要组成部分。据北京周口店"北京猿人"遗址出土的骨针显示，我们的祖先在18000年前就已初步掌握缝纫技术，懂得用兽皮、树皮等缝制衣服，搭盖住所。后来，又通过利用植物纤维搓绳和编结渔网，编织"网衣"，逐渐学会了编织和纺织。

棉麻类面料质地刚硬，表面粗糙，纹理比较清晰，由于色牢度差故以浅中色为主。棉麻面料与粗纺面料相似，只是前者的粗糙表现为硬爽而轻薄；后者的粗糙略有绒毛感并较厚重，所以在表现棉麻面料的质感时，可以借鉴粗纺面料的表现方法，只是需略微减弱一些，以免出现呢绒的效果。最好画出织物的组织纹路，线条要有粗细、虚实的变化。

二、棉麻面料的绘制步骤

（1）棉麻跟绸缎的画法基本一致，就是添加了纸张的肌理质感，如图5-65所示，增加了一种粗糙的质感（图5-66）。

（2）浅色勾勒阴影，找出所有阴影面（图5-67）。

（3）加深阴影，浅棉麻不需要特别强调，最后如果觉得单调，就在裙摆处用喷枪加蓝色，增加清透感（图5-68）。

（4）棉麻面料服装效果图图例如图5-69所示，实物图例如图5-70所示。

图5-65　SAI纸张质感设置

图5-66　棉麻的表现1

图5-67　棉麻的表现2

图5-68　棉麻的表现3

图5-69　棉麻服装效果图图例

图5-70　棉麻服装实物图例

第七节
牛仔面料的表现

一、牛仔面料的特征

　　牛仔面料以斜纹为主，色彩以靛蓝色为主。牛仔面料本身厚而硬挺，但经过漂、洗、磨等工艺的处理，可以使布由硬变得略软。表现牛仔面料时，服装的外轮廓线要画得干练，衣纹多折线，明暗过渡的色彩可表现得生硬些。牛仔面料上的明缉线工艺是它的一大特点，更能体现牛仔服的粗犷风格。表现牛仔类织物，要先画出布重叠处的厚度感，再用黄色或其他颜色画出明线，最后再用略深于面料的颜色沿明线边缘画出虚虚实实的投影，从而产生线迹压面料的凹陷感。

二、牛仔面料的绘制步骤

　　（1）画好线稿，画出牛仔服装的基本结构线（图5-71）。

　　（2）填充底色，因为画的牛仔颜色偏浅色，所以发色也选择相对浅的颜色。领子、腰间和肩边上均有设计毛边，挑选厚涂笔中一个有质感的笔刷，如上图，画出阴影，大概有一些粗糙的毛的质感（图5-72、图5-73）。

（3）画出整体的大概阴影关系，铺一层浅色阴影（图5-74）。

（4）用较深的颜色加深阴影，画出虚虚实实的阴影以及牛仔一些被线迹压出的凹陷感，本范例是一件没有缉明线的牛仔服，有明线的更容易表达牛仔的感觉（图5-75）。

（5）最后选择一个画材效果，如图5-76所示，让服装看上去更挺括，不会软软的（图5-77）。

图5-71　牛仔的表现1

图5-72　牛仔的表现2

图5-73　SAI笔刷设置

图5-74　牛仔的表现3

图5-75　牛仔的表现4

图5-76　SAI画材效果设置

图5-77　牛仔的表现5

第八节
毛皮面料的表现

一、毛皮面料的特征

　　毛皮类面料给人毛茸茸的感觉。由于毛皮的品类、长短、曲直形态、粗细程度和软硬度的不同，其所表现的外观效应也各异。绘画时可以选择合适的画笔，从毛皮的结构和走向着手，也可以从毛皮的斑纹着手描绘，还可以从直接形态下手。具体的表现方法有很多。

二、毛皮面料的绘制步骤

　　（1）画出基本线稿，画毛皮要用自然的曲线描绘大概轮廓（图5-78）。

　　（2）选择好颜色并填充底色，区分亮面和暗面（图5-79）。

　　（3）亮暗面区分好后，用下图笔刷过渡灰面，笔刷本身就很有毛的质感（图5-80、图5-81）。

　　（4）提亮亮面，再进行过渡，边缘也画些笔触，显得更加自然（图5-82）。

　　（5）毛皮面料服装效果图图例如图5-83所示，实物图例如图5-84所示。

图5-78　毛皮的表现1

图5-79　毛皮的表现2

图5-80　毛皮的表现3

图5-82　毛皮的表现4

图5-81　Painter笔刷设置

图5-83　毛皮服装效果图图例

图5-84　毛皮服装实物图例

第九节
镂空面料的表现

一、镂空面料的特征

　　在手绘中运用阻染法，是表现镂空面料的较好办法。将一种性质的（油性或水性）颜料（如白色油画棒），按需要事先绘制图案，然后，将另一种性质的颜料（如较深色的水粉色）覆盖于图案之上（面积略大些），两种不同性质的颜料会产生分离的效果，以此产生镂空面料的感觉。但在电脑绘制中，对镂空类面料，可以绘制面料小样然后进行填充，但效果较为僵硬不

自然。要想达到理想的效果，需要仔细地刻画镂空的图案，以及镂空下的阴影。

二、镂空面料的绘制步骤

　　（1）打开画好的线稿（图5-85）。

　　（2）铺好皮肤底色，上好阴影关系（图5-86）。

　　（3）开始绘画镂空图案，颜色一定要比肤色亮，并注意虚实变化（图5-87）。

　　（4）接下来连续抠图案（图5-88）。

　　（5）镂空面料整体效果如图5-89所示，把服装画完整。

　　（6）镂空面料服装效果图图例如图5-90所示，实物图例如图5-91所示。

图5-85 镂空的表现1

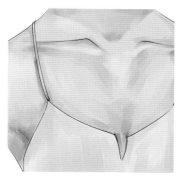

图5-86 镂空的表现2

图5-87 镂空的表现3

图5-88 镂空的表现4

图5-89 镂空的表现5

图5-90 镂空服装
效果图图例

图5-91 镂空服装实物图例

第十节
图案面料的表现

一、图案面料的特征

　　面料的图案和花纹在服装效果图中，只需表现出图案和花纹的总体感觉。面料上的花纹、图案分两种：一种是大花型或者称之为定位装饰花，在服装中的肩、胸、腰或其他部位出现。这类花纹的表现应采用写实的画法。根据花纹的大小和形状仔细描绘。应注意作画时要根据人体的起伏线条，花纹作一定的透视处理。另一种为碎长形或称之为满地花，可采用写意的画法，使用蜡笔或水粉、水彩，将面料图案花纹的总体感觉画出。也可以有主次地表现花纹，即不将花纹填满整套服装，可在某些部位集中表现。有些部位则留出空白，产生虚实的效果。

二、图案面料的绘制步骤

　　（1）打开画好的线稿（图5-92）。
　　（2）选择颜色并填充（图5-93）。
　　（3）画出所有图案的大概位置，先不要抠，用色块定位，颜色区分（图5-94）。
　　（4）找出所有图案的颜色、位置，然后把头发，皮肤绘制完整（图5-95）。
　　（5）画出阴影关系。用SAI的模糊工具缓和颜色，然后用马克笔画阴影关系，马克笔的颜色较浅，很适合清新风格（图5-96~图5-98）。

　　（6）抠出一部分图案，不用填满，部分留白，画完小部分后可以进行复制粘贴（图5-99）。
　　（7）如图5-100所示为粘贴一部分的效果，粘贴的同时要注意区分图案区域的暗面、亮面，暗面用喷枪加深（图5-101）。
　　（8）花卉图案基本完成后，开始画袖摆上的图案（图5-102）。
　　（9）袖摆处用铅笔画出基本轮廓，用稍微深一点的颜色描边（图5-103、图5-104）。
　　（10）图案服装效果图图例如图5-105所示。

图5-92　图案的表现1

图5-93　图案的表现2

图5-94　图案的表现3

图5-95　图案的表现4

图5-96　图案的表现5

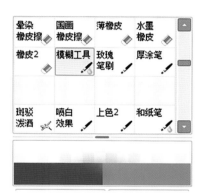

图5-97　SAI画笔设置1

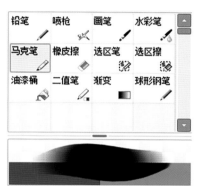

图5-98　SAI画笔设置2

图5-99　图案的表现6

图5-100　图案的表现7

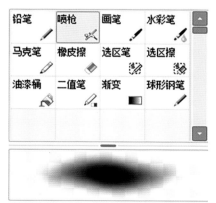

图5-101　SAI画笔设置3

图5-102　图案的表现8

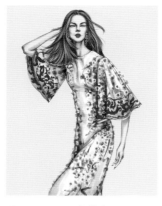

图5-103　图案的表现9

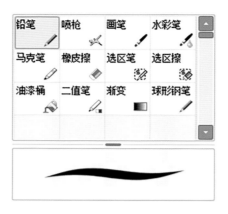

图5-104　SAI画笔设置4

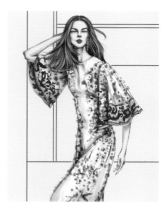

图5-105　图案服装效果图图例

第十一节 服装饰物的表现

为了衬托表现服装主体，服装画的绘制往往会有大量的服装饰物的出现，如围巾、墨镜、首饰、手表和手提包等。不同的饰物有不同的材质特点，在绘制服装画时，要充分把握饰物的特点，对其材质加以刻画。

一、帽子的绘制

（1）绘制好线稿，模特发型较杂乱卷曲，线稿只需画好大概的形状走势，重点放在上色以表现头发体积感（图5-106）。

（2）铺完对应底色，强化面部妆容（图5-107）。

（3）强化头发明暗关系（图5-108）。

（4）加强帽子明暗关系（图5-109）。

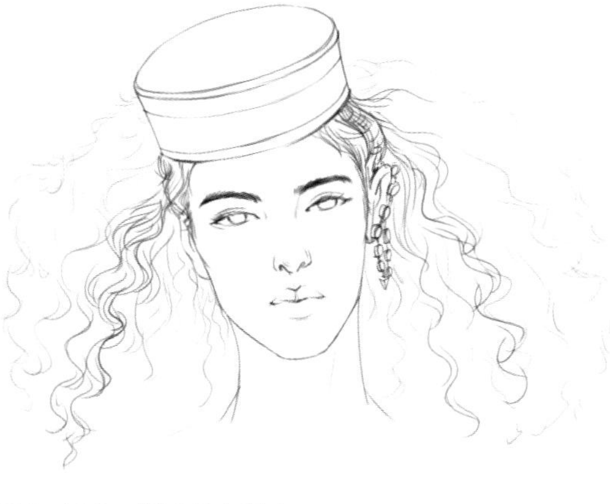

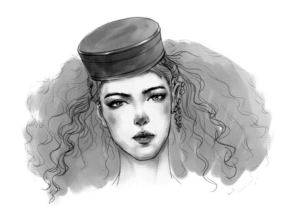

图5-106　帽子的表现1

图5-107　帽子的表现2

图5-108 帽子的表现3

图5-109 帽子的表现4

二、眼镜的绘制

（1）绘制好线稿（图5-110）。

（2）铺上对应底色（图5-111）。

（3）强化模特面部妆容（图5-112）。

（4）强化头发体积感，绘制眼镜细节（图5-113）。

图5-110 眼镜的表现1

图5-111 眼镜的表现2

图5-112　眼镜的表现3

图5-113　眼镜的表现4

第六章

服装效果图绘制图例和分解步骤

课题名称：服装效果图绘制图例和分解步骤

课题内容： 1. 女装的表现

2. 男装的表现

3. 童装的表现

课题时间：16课时

教学目的：使学生能怡如其分地表现出服装复杂面料的质感，

准确、生动地向观者传达自己的服装创作意图。

教学方式： 1.教师课堂示范，加强师生互动，学生之间互评，

调动课堂积极性。

2.加强服装效果图的练习，了解企业需求与标准，

提高绘画速度，激励学生高质量完成作业。

教学要求：使学生能够快速、准确地绘制出服装效果图。

课前（后）准备： 1.课前提交完成的服装材质练习图。

2.课后完成服装效果图4幅。

第一节
女装的表现

一、丝绸面料女装

1.丝绸面料的特征

丝绸是中国的特产，中国古代劳动人民发明并大规模生产丝绸制品，更开启了世界历史上第一次东西方大规模的商贸交流，史称"丝绸之路"。从西汉起，中国的丝绸不断大批地运往国外，成为世界闻名的产品。那时从中国到西方去的路线，被欧洲人称为"丝绸之路"，中国也被称为"丝国"。

丝绸面料华丽而有光泽，具有极佳的悬垂性。丝绸面料给人性感、柔滑、飘逸的印象，日常多用于礼服、睡衣、内衣等衣物。穿上丝绸类服装后轻巧飘逸没有臃肿感。

2.丝绸面料女装效果图的绘制

（1）效果图1。

步骤一：打开SAI，新建画布，使用"铅笔"工具绘制草稿和线稿，重要的结构线偏粗，装饰线和褶皱线偏细。由于是丝绸材质，线条不能过于僵硬。绘制时注意腰部因腰带而产生的褶皱走向，可以加大裙摆的展开量来增强视觉效果（图6-1）。

步骤二：新建图层，选择"画笔"工具，铺上对应底色，确定整体的色彩搭配（图6-2）。

步骤三：新建图层，选择"画笔"工具，使用"正片叠底"图层模式绘制阴影，

注意面料的起伏变化，一边画一边进行调整。绘制过程中注意不要过于注重细节而缺失块面感（图6-3）。

步骤四：新建图层，选择"画笔"工具，吸取较底色更暗的橘色，对面料褶皱产生的暗部进一步加深、调整。注意避免使用大量深色，大量深色会弱化整体对比度，反而拉低质感。新建图层，选择与底色相比明度较亮的颜色进行提亮，增强层次感。为了更好地表现面料质感，在明暗交界线处进行进一步提亮，增加光泽感。注意：颜色无论是加深还是提亮，都是循序渐进的过程（图6-4）。

图6-1　丝绸面料女装效果图1步骤一

图6-2　丝绸面料女装效果图1
步骤二

图6-3　丝绸面料女装效果图1
步骤三

图6-4　丝绸面料女装效果图1
步骤四

（2）效果图2。

步骤一：打开SAI，新建画布，使用"铅笔"工具绘制草稿和线稿，重要的结构线偏粗，装饰线和褶皱线偏细。绘制时注意腰部系带而产生的褶皱走向及人物动态所产生的褶皱。由于模特动态较大，所产生的褶皱较多，所以在绘制时线条可较为放松（图6-5）。

步骤二：新建图层，选择"画笔"工具，铺上对应底色，确定整体的色彩搭配（图6-6）。

步骤三：新建图层，选择"画笔"工具，使用"正片叠底"图层模式绘制阴影。注意面料的起伏变化，一边画一边进行调整。绘制过程中注意不要过于注重细节而缺失块面感。模特是短发造型，所以重点

可放在模特的妆容上（图6-7）。

步骤四：新建图层，对面料褶皱产生的暗部进一步加深、调整。新建图层，选择与底色相比明度较亮的颜色进行提亮。注意：肩部金属装饰，选择近乎白色的颜色进行提亮，增强明暗对比。选择"喷枪"工具，在裙摆处和肩部进行适当点缀，使画面更加生动，也为画面大面积的深色增加一丝通透感（图6-8）。

（3）效果图3。

步骤一：打开SAI，新建画布，使用"铅笔"工具绘制草稿和线稿，重要的结构线偏粗，装饰线和褶皱线偏细。绘制时注意胸部和腰部产生的横向褶皱走向符合身体动态。戴在颈部的珍珠项链注意层次关系，避免混乱。裙摆处因为走动而产生的

图6-5　丝绸面料女装
效果图2步骤一

图6-6　丝绸面料女装
效果图2步骤二

图6-7　丝绸面料女装效
果图2步骤三

图6-8　丝绸面料女装效
果图2步骤四

飘逸效果，在绘制时可使用较为轻松、飘逸的线条进行表达（图6-9）。

步骤二：新建图层，选择"画笔"工具，铺上对应底色。确定整体的色彩搭配。裙子颜色较多，注意多种颜色之间色彩的协调性（图6-10）。

步骤三：新建图层，选择"画笔"工具，使用"正片叠底"图层模式绘制阴影。注意面料的起伏变化，一边画一边进行调整。绘制过程中注意，不要过于注重细节而缺失块面感。裙子上的褶皱较多，在绘制时需要注意虚实变化，避免画面出现过脏、过花的情况。裙子间的层次关系也需要注意。在绘制墨镜时，由于墨镜反光的原因，所以在镜面上会有少许裙子颜色（图6-11）。

步骤四：新建图层，对部分褶皱密集的地方产生的暗部进一步加深、调整。新建图层，选择与底色相比明度较亮的颜色进行提亮（图6-12）。

图6-9　丝绸面料女装效果图3步骤一

图6-10　丝绸面料女装效果图3
步骤二

图6-11　丝绸面料女装效果图3
步骤三

图6-12　丝绸面料女装效果图3
步骤四

二、皮革面料

1.皮革面料的特征

皮革的朴实感与生俱来。它是人类使用非常古老的服装材料之一，而且一直为人们所钟爱。皮革服装在时装流行中的位置越来越重要。按照原料来源可分为牛皮、羊皮、猪皮、鳄鱼皮、鸵鸟皮、蛇皮和人造革等。皮革具耐久力，可立体加工，可塑性强，容易染色，通气性佳，不起静电、保暖的特点。

2.皮革面料女装效果图的绘制

（1）效果图1。

步骤一：打开SAI，新建画布，使用"铅笔"工具绘制草稿和线稿，重要的结构线偏粗，装饰线和褶皱线偏细。由于皮质外套、靴子和手提包的厚度与硬度偏高，所以结构线偏硬，产生的褶皱线较为平缓，不宜出现过多弯折（图6-13）。

步骤二：新建图层，选择"画笔"工具，铺上对应底色，确定整体的色彩搭配。内搭连衣裙上的点可顺带绘制上，注意避免杂乱（图6-14）。

步骤三：新建图层，选择"画笔"工具，使用"正片叠底"图层模式绘制阴影。注意面料的起伏变化，一边画一边进行调整。绘制过程中注意，不要过于注重细节而缺失块面感。可使用"喷枪"工具增加肌理质感（图6-15）。

步骤四：新建图层，对面料褶皱产生的暗部进一步加深、调整。新建图层，选择与底色相比明度较亮的颜色进行提亮，位置与暗面相接。亮部可以用块面或弯折的曲线来表现皮革的起伏变化。注意皮革亮部与暗部的对比变化。增加细节，皮质外套、靴子和手提包在结构线附近可用灰白色进一步提亮，体现质感。注意，此皮衣属于雾面材质，所以避免使用亮白色进行提亮（图6-16）。

（2）效果图2。

步骤一：打开SAI，新建画布，使用"铅笔"工具绘制草稿和线稿，重要的结构线偏粗，装饰线和褶皱线偏细。皮质面料质感较为硬挺，所以在绘制衣服轮廓时，线条需要挺括、有力量（图6-17）。

步骤二：新建图层，选择"画笔"工具，铺上对应底色，注意色彩间的协调性（图6-18）。

步骤三：新建图层，选择"画笔"工具，使用"正片叠底"图层模式绘制阴影。注意面料的起伏变化，一边画一边进行调整。绘制过程中注意，不要过于注重细节而缺失块面感。皮质面料所产生的阴影形状较明显、规整，所以笔触需要硬挺一些（图6-19）。

步骤四：新建图层，对皮质面料的密集褶皱处产生的暗部进一步加深、调整。皮肤增加灰面，增强立体感。新建图层，选择与皮衣底色相比明度较亮的颜色进行提亮。部分明暗交接处可用接近于白色的颜色进行提亮，增加细节（图6-20）。

图6-13 皮革面料女装效果图1步骤一

图6-14 皮革面料女装效果图1步骤二

图6-15 皮革面料女装效果图1步骤三

图6-16 皮革面料女装效果图1步骤四

图6-17 皮革面料女
装效果图2步骤一

图6-18 皮革面料女
装效果图2步骤二

图6-19 皮革面料女
装效果图2步骤三

图6-20 皮革面料女
装效果图2步骤四

三、格纹面料

1.格纹面料的特征

格纹是服装面料上的经典元素，印花技术随着科技发展不断提高，格纹面料的花样也越来越多，更加受到人们的喜爱，从而运用范围也越来越广。不同的格子面料运用在不同的服装中能表现出不同的特色，因此成为设计师们青睐的设计元素，如薇薇安·韦斯特伍德、缪西娅·普拉达、克里斯托弗·贝利等。

2.格纹面料女装效果图的绘制

（1）效果图1。

步骤一：打开SAI，新建画布，使用"铅笔"工具绘制草稿和线稿，重要的结构线偏粗，装饰线和褶皱线偏细。绘制时注意袖子和衣摆抽绳处所产生的褶皱。由于该服装格纹线条较细，所以在线稿中可以暂时不画（图6-21）。

步骤二：新建图层，选择"画笔"工具，铺上对应底色以及格纹线条，确定整体色彩搭配。注意，格纹线条需要按照人体动态和衣服褶皱变化进行绘制，避免杂乱（图6-22）。

步骤三：新建图层，选择"画笔"工具，使用"正片叠底"图层模式绘制阴影。注意面料的起伏变化，一边画一边进行调整。绘制过程中注意，不要过于注重细节而缺失块面感。衬衫褶皱较多，所以在绘制阴影时注意褶皱走向（图6-23）。

步骤四：新建图层，对衣摆处抽褶的位置颜色进一步加深、调整。增加细节，使画面更加精致（图6-24）。

（2）效果图2。

步骤一：打开SAI，新建画布，使用"铅笔"工具绘制草稿和线稿，重要的结构线偏粗，装饰线和褶皱线偏细。衬衫上的格子花纹应跟着身体起伏变化。袖子位置的格子花纹除了需要注意褶皱产生的起伏变化外，还需注意袖子缝合处需要错开。裤子质感较为飘逸，使用的线条应要相对松动（图6-25）。

步骤二：新建图层，选择"画笔"工具，铺上对应底色。服装整体以黑灰色调为主，注意黑到灰之间的明度变化（图6-26）。

步骤三：新建图层，选择"画笔"工具，使用"正片叠底"图层模式绘制阴影。注意面料的起伏变化，一边画一边进行调整。绘制过程中注意，不要过于注重细节而缺失块面感。裤子的明度最高，所以刻画的重点在裤子上。腰头处因为背带产生的褶皱需要体现出来（图6-27）。

步骤四：新建图层，对裤子膝盖部位褶皱产生的暗部进一步加深、调整。新建图层，选择与底色相比明度较亮的颜色进行提亮。注意靴子为亮面材质，明暗对比

图6-21 格纹面料女装效果图1步骤一

图6-22 格纹面料女装效果图1步骤二

图6-23 格纹面料女装效果图1步骤三

图6-24 格纹面料女装效果图1步骤四

明显，在提亮时也需要重点提亮。增加细节，使画面更加精致（图6-28）。

（3）效果图3。

步骤一：打开SAI，新建画布，使用"铅笔"工具绘制草稿和线稿，重要的结构线偏粗，装饰线和褶皱线偏细。该服装以大面积格纹为主，需要分清格子的层次关系，分清主次，且注意格纹线条的走向要根据身体动态而变化（图6-29）。

步骤二：新建图层，选择"画笔"工具，铺上对应底色。注意服装中格纹之间的颜色协调性，特别是衣服中的蓝色部分不宜过鲜艳（图6-30）。

步骤三：新建图层，选择"画笔"工具，使用"正片叠底"图层模式绘制阴影。注意面料的起伏变化，一边画一边进行调整。绘制过程中注意，不要过于注重细节而缺失块面感。该服装的设计点主要集中在右半部分，注意理清各个褶皱之间的层次关系（图6-31）。

步骤四：新建图层，对面料褶皱产生的暗部进一步加深、调整，服装中褶皱间产生的阴影是整张图中颜色最深的地方，注意加深（图6-32）。

（4）效果图4。

步骤一：打开SAI，新建画布，使用"铅笔"工具绘制草稿和线稿，重要的结构线偏粗，装饰线和褶皱线偏细。该服装以

图6-25　格纹面料女装效果图2步骤一

图6-26　格纹面料女装效果图2步骤二

图6-27　格纹面料女装效果图2步骤三

图6-28　格纹面料女装效果图2步骤四

图6-29 格纹面料女
装效果图3步骤一

图6-30 格纹面料女
装效果图3步骤二

图6-31 格纹面料女
装效果图3步骤三

图6-32 格纹面料女
装效果图3步骤四

格纹图案为主，在绘制中可将格纹图案用较细的线条表现出来。裤子垂坠性好，所以线条应较为松动。注意裤腿处堆叠产生的层次感的表达（图6-33）。

步骤二：新建图层，选择"画笔"工具，铺上对应底色，确定色彩关系（图6-34）。

步骤三：新建图层，选择"画笔"工具，使用"正片叠底"图层模式绘制阴影。注意面料的起伏变化，一边画一边进行调整。绘制过程中注意，不要过于注重细节而缺失块面感。特别是裤子的脚口部分，由于裤子的堆积，所以形成的褶皱方向以横向为主（图6-35）。

步骤四：新建图层，对面料褶皱产生的暗部进一步加深、调整，增强立体度。手拿包因为服装所产生的阴影要注意加深。新建图层，使用合适的颜色，完善上衣内搭图案（图6-36）。

四、针织面料

1.针织面料的特征

针织面料是由线圈相互穿套连接而成的织物，是织物的一大品种。针织面料具有较好的弹性，吸湿透气，舒适保暖，是使用极其广泛的面料之一，原料主要是棉麻丝毛等天然纤维，也有锦纶、腈纶、涤纶等化学纤维。针织物组织变化丰富，品种繁多，外观别具特点，过去多用于内衣、T恤等，而今，随着针织业的发展以及新型整理工艺的诞生，针织物的服用性能大为提升，几乎适用于服装的所有品类。

2.针织面料女装效果图的绘制

（1）效果图1。

步骤一：打开SAI，新建画布，使用

图6-33 格纹面料
女装效果图4步骤一

图6-34 格纹面料女
装效果图4步骤二

图6-35 格纹面料女
装效果图4步骤三

图6-36 格纹面料
女装效果图4步骤四

"铅笔"工具绘制草稿和线稿，重要的结构线偏粗，装饰线和褶皱线偏细。内搭毛衣和裤子上的条纹线条较粗，在草稿时可先绘制出来，注意线条走向符合人体动态及衣服褶皱起伏（图6-37）。

步骤二：新建图层，选择"画笔"工具，铺上对应底色，确定色彩搭配关系（图6-38）。

步骤三：新建图层，选择"画笔"工具，使用"正片叠底"图层模式绘制阴影。注意面料的起伏变化，一边画一边进行调整。绘制过程中注意，不要过于注重细节而缺失块面感。绘制内搭毛衣的阴影时沿着纹理上色，注意凸出的纹理形成的阴影（图6-39）。

步骤四：新建图层，设置为"正片叠底"模式，降低透明度，对毛衣凸出的纹理暗部进一步加深、调整，增强立体度，注意颜色不宜过深。新建图层，选择与底色相比明度较亮的颜色进行提亮，该服装整体颜色偏深，所以不需要提亮太多处位置。增加细节，使画面更加精致（图6-40）。

（2）效果图2。

步骤一：打开SAI，新建画布，使用"铅笔"工具绘制草稿和线稿，重要的结构线偏粗，装饰线和褶皱线偏细。上衣较为贴身，所以要按照人体肌肉走向进行绘制。裙子因抽褶所产生的褶皱幅度较大，且以横向为主。由于是丝绸材质裙子的垂坠感极佳，使裙子看起来灵动飘逸，更加贴合皮肤。鞋子为凉鞋，在绘制时注意对脚部结构进行刻画（图6-41）。

步骤二：新建图层，选择"画笔"工具，铺上对应底色，注意色彩搭配关系（图6-42）。

图6-37 针织面料女装
效果图1步骤一　　　　　　

图6-38 针织面料女装
效果图1步骤二

图6-39 针织面料女装
效果图1步骤三

图6-40 针织面料女装
效果图1步骤四

步骤三：在底色图层上新建图层，设置为"剪辑蒙版"，并且使用"正片叠底"模式，调低图层透明度，吸取针织上衣颜色，使用"勾线2"笔刷，绘制上衣针织质感。上衣板型较为贴身，所以在绘制时需要注意身体起伏导致的线条变化。新建图层，选择"画笔"工具，使用"正片叠底"图层模式绘制阴影。裙子属于垂感较好的丝绸面料，光泽感强，暗面过渡柔和，整体呈现出的效果流动性强，类似水波形状。为了更好体现面料质感，注意面料的起伏变化，一边画一边进行调整。在暗部边缘处使用"涂抹"工具进行过渡，以更好呈现质感。绘制过程中注意，不要过于注重细节而缺失块面感（图6-43）。

步骤四：新建图层，对裙子抽褶处以及裙子侧面、后片裙摆产生的暗部进一步加深、调整。新建图层，在裙子的部分明暗交界线处进行适度提亮，体现丝绸面料的光泽感。由于是深色裙子，不宜使用过亮的颜色进行提亮。在笔触两端也可使用"涂抹"工具进行虚化（图6-44）。

五、纱质面料

1.纱质面料的特征

纱是较早出现的丝织物品种，其质地轻薄透明，手感柔爽富有弹性，外观清淡雅洁，具有良好的透气性和悬垂性，穿着飘逸、舒适，可用于表现衣服丰富的层次感。按照面料的原料，可以将纱制面料分为纯纺纱面料和混纺纱面料。按照面料的纱线粗细，可以分为粗特纱、中特纱、细特纱以及特细特纱面料。

图6-41　针织面料女装效果图2步骤一　　图6-42　针织面料女装效果图2步骤二　　图6-43　针织面料女装效果图2步骤三　　图6-44　针织面料女装效果图2步骤四

2.纱质面料女装效果图的绘制

（1）效果图1。

步骤一：打开SAI，新建画布，使用"铅笔"工具绘制草稿和线稿，重要的结构线偏粗，装饰线和褶皱线偏细。由于纱裙部分较薄，所以可以先不绘制（图6-45）。

步骤二：新建图层，选择"画笔"工具，铺上对应底色，该卫衣颜色较多且鲜艳，注意各颜色间的色彩平衡搭配，避免过于杂乱。模特发型较为简单，头部塑造可着重于面部妆容上（图6-46）。

步骤三：新建图层，使用"马克笔"工具，调节画笔透明度，铺上薄纱底色，重色主要出现在褶皱以及裙摆的位置，纱较薄的部分只需要轻轻带过即可。新建图层，选择"画笔"工具，使用"正片叠底"图层模式绘制阴影。注意面料的起伏变化，一边画一边进行调整。绘制过程中注意，不要过于注重细节而缺失块面感。为了更好表现薄纱质感，阴影可分多次叠加（图6-47）。

步骤四：新建图层，对面料褶皱产生的暗部进一步加深、调整。新建图层，选择"枯笔"工具，使用比薄纱底色更暗的颜色，绘制薄纱肌理，重点绘制裙摆位置，笔触需要松动轻快，避免出现较实的笔触。对服装上的装饰花纹进行刻画，提高画面观赏性。卫衣上的条纹避免使用亮白色（图6-48）。

（2）效果图2。

步骤一：打开SAI，新建画布，使用"铅笔"工具绘制草稿和线稿，重要的结构线偏粗，装饰线和褶皱线偏细。注意上衣

图6-45　纱质面料女
装效果图1步骤一

图6-46　纱质面料女
装效果图1步骤二

图6-47　纱质面料女
装效果图1步骤三

图6-48　纱质面料女
装效果图1步骤四

的褶皱走向以及绘制时上衣厚度的表现，增加画面细节。绘制裙子时，线条可以松弛一些（图6-49）。

步骤二：新建图层，选择"画笔"工具，铺上对应底色，注意颜色的搭配。注重模特头发的体量感，可弱化模特妆面颜色以突出头发。新建图层，选择"马克笔"工具，吸取裙子底色，调节画笔透明度，在裙摆处铺上薄纱底色，铺色范围可超过线稿，使画面更灵动（图6-50）。

步骤三：新建图层，选择"画笔"工具，使用"正片叠底"图层模式绘制阴影。注意面料的起伏变化，一边画一边进行调整。绘制过程中注意，不要过于注重细节而缺失块面感。上衣褶皱处较多，特别是袖子以及衣摆，需要按照褶皱的方向绘制。为了更好表现薄纱质感，阴影可分多

次叠加。可增加一些暖色进行点缀，使裙子大面积的鼠灰色减少沉闷，但不宜过多（图6-51）。

步骤四：新建图层，对外套褶皱产生的密集处的暗部进一步加深、调整，但避免使用过深的颜色，注意色彩的融合。新建图层，选择"枯笔"工具，使用比薄纱底色更暗的颜色，绘制薄纱肌理，重点绘制裙摆位置，裙身只需着重表现褶皱位置。笔触需要松动轻快，避免出现较实的笔触。使用较外套底色相对亮的颜色进行提亮，无须大面积提亮，少部分点缀即可。增加细节，使画面更加精致，增强鞋子的明暗对比，体现漆皮质感（图6-52）。

（3）效果图3。

步骤一：打开SAI，新建画布，使用"铅笔"工具绘制草稿和线稿，重要的结构

图6-49 纱质面料女
装效果图2步骤一

图6-50 纱质面料女
装效果图2步骤二

图6-51 纱质面料女
装效果图2步骤三

图6-52 纱质面料女
装效果图2步骤四

线偏粗，装饰线和褶皱线偏细。注意肩部
和裙摆上褶的层次感和上衣中的五角星的
大小以及排列（图6-53）。

步骤二：新建图层，选择"画笔"工
具，铺上模特肤色，被服装遮住的部分也
要铺色。新建图层，选择"画笔"工具，
铺上对应底色，上衣的衣身部分暂时不绘
制。新建图层，将衣身部分的颜色铺上。
降低图层透明度，使皮肤颜色可微微透出
（图6-54）。

步骤三：新建图层，选择"画笔"工
具，使用"正片叠底"图层模式绘制阴影，
衣身部分由于是薄纱材质，阴影颜色较浅，
主要集中在腰部，着重绘制裙子和袖子的
位置。注意面料的起伏变化，一边画一边
进行调整。绘制过程中注意，不要过于注
重细节而缺失块面感（图6-55）。

步骤四：新建图层，对裙子和袖子的
位置褶皱产生的暗部进一步加深、调整。

新建图层，选择与底色相比明度较亮
的颜色对裙子和袖子进行提亮（图6-56）。

（4）效果图4。

步骤一：打开SAI，新建画布，使用
"铅笔"工具绘制草稿和线稿，重要的结
构线偏粗，装饰线和褶皱线偏细。绘制时，
裙摆处应使用较松动的线条体现飘逸的感
觉。裙身上的图案较为复杂，重点进行绘
制（图6-57）。

步骤二：新建图层，选择"画笔"工
具，铺上对应底色。降低画笔透明度，绘
制裙子薄纱部分（图6-58）。

步骤三：新建图层，选择"画笔"工
具，使用"正片叠底"图层模式绘制阴
影。注意面料的起伏变化，一边画一边进

图6-53 纱质面料女
装效果图3步骤一

图6-54 纱质面料女
装效果图3步骤二

图6-55 纱质面料女
装效果图3步骤三

图6-56 纱质面料女
装效果图3步骤四

行调整。绘制过程中注意，不要过于注重
细节而缺失块面感。该服装重点突出裙身
上的刺绣图案，所以阴影颜色不宜过暗
（图6-59）。

步骤四：新建图层，刻画衣身上刺绣
图案细节（图6-60）。

六、牛仔面料

1. 牛仔面料的特征

牛仔面料是一种较粗厚的色织经面斜
纹棉布，经纱颜色深，一般为靛蓝色，纬
纱颜色浅，一般为浅灰或煮练后的本白纱，
也有用仿麂皮、灯芯绒、平绒等其他面料

制成的。牛仔裤向来比较耐磨，比普通裤
子的质量要好得多，而且穿着十分舒适，
深受年轻人的喜爱。

2. 牛仔面料女装效果图的绘制

（1）效果图1。

步骤一：打开SAI，新建画布，使用
"铅笔"工具绘制草稿和线稿，重要的结构
线偏粗，装饰线和褶皱线偏细。牛仔面料
在缝制时通常采用双明线的缝纫工艺，所
以在绘制线稿时，缝纫线要体现出来。同
时，牛仔面料通常有着厚、硬且粗糙的特
点，形成的褶皱较厚重，一般没有细碎的
褶皱。为避免上色时杂乱，内搭中的黑色
网纹可先不绘制出来（图6-61）。

图6-57　纱质面料
女装效果图4步骤一

图6-58　纱质面料
女装效果图4步骤二

图6-59　纱质面料
女装效果图4步骤三

图6-60　纱质面料
女装效果图4步骤四

　　步骤二：新建图层，选择"画笔"工具，铺上对应底色。内搭胸衣和短裤部分，使用笔刷纹理中的"花砖"进行铺色（图6-62）。

　　步骤三：新建图层，选择"画笔"工具，使用"正片叠底"图层模式绘制阴影。注意面料的起伏变化，一边画一边进行调整。绘制过程中注意，不要过于注重细节而缺失块面感。牛仔服装的缝纫线附近的面料会有较明显的起伏变化，所以要绘制出缝纫线附近因为起伏变化而产生的暗面，将内搭黑色网纹画上（图6-63）。

　　步骤四：新建图层，对牛仔面料最为厚重的褶皱产生的暗部进一步加深、调整。新建图层，牛仔服装缝纫线附近的面料除

了会有起伏变化，常常还伴随着磨白的出现，所以在服装缝纫线周围可用白色进行处理。靴子为漆皮材质，有大面积的反光且集中在正面，不要忘记绘制。为了加强牛仔服装的粗糙质感，将画面导入PS中，使用"套索工具"截取牛仔服装部分，点击"滤镜"，选择"杂色"，再选取"添加杂色"，将数值调到希望呈现的效果，注意需要勾选"单色"，最后点击"确定"即可（图6-64）。

　　（2）效果图2。

　　步骤一：打开SAI，新建画布，使用"铅笔"工具绘制草稿和线稿，重要的结构线偏粗，装饰线和褶皱线偏细。相较于如图6-64所示中较为硬挺的牛仔服装，该图

图6-61 牛仔面料女 图6-62 牛仔面料女 图6-63 牛仔面料女 图6-64 牛仔面料女
装效果图1步骤一 装效果图1步骤二 装效果图1步骤三 装效果图1步骤四

中的牛仔面料较为轻薄且柔软，使用的线条也不需要太过硬挺，在衣摆处的褶皱也较为密集（图6-65）。

步骤二：新建图层，选择"画笔"工具，铺上对应底色，上衣和裤子虽然都是牛仔面料，但颜色不同，需要注意两者颜色的协调性（图6-66）。

步骤三：新建图层，选择"画笔"工具，使用"正片叠底"图层模式绘制阴影。注意面料的起伏变化，一边画一边进行调整。绘制过程中注意，不要过于注重细节而缺失块面感。特别是衣服的领口、袖口、衣摆、脚口等处都出现了褶皱设计，顺着褶皱产生的起伏变化所形成的阴影进行绘制（图6-67）。

步骤四：新建图层，对领口等褶皱设计产生的暗部进一步加深、调整。新建图

层，选择与底色相比明度较亮的颜色进行提亮。在褶皱上的磨白水洗处可用接近白色的颜色提亮。为加强牛仔服装的粗糙质感，将画面导入PS中，使用"套索工具"截取牛仔服装部分，点击"滤镜"，选择"杂色"，再选取"添加杂色"，将数值调到希望呈现的效果，注意需要勾选"单色"，最后点击"确定"即可（图6-68）。

（3）效果图3。

步骤一：打开SAI，新建画布，使用"铅笔"工具绘制草稿和线稿，重要的结构线偏粗，装饰线和褶皱线偏细。该服装在衣领和腰头上的设计较为复杂，需要特别注意服装层次及褶皱。仔细绘制牛仔裤上的缝纫线（图6-69）。

步骤二：新建图层，选择"画笔"工具，铺上对应底色，确定颜色关系（图6-70）。

图6-65　牛仔面料女装
效果图2步骤一

图6-66　牛仔面料女装
效果图2步骤二

图6-67　牛仔面料女装
效果图2步骤三

图6-68　牛仔面料女装
效果图2步骤四

步骤三：新建图层，选择"画笔"工具，使用"正片叠底"图层模式绘制阴影。注意面料的起伏变化，一边画一边进行调整。绘制过程中注意，不要过于注重细节而缺失块面感。因牛仔裤缝纫线产生的起伏变化的阴影也要绘制（图6-71）。

步骤四：新建图层，对腰部因牛仔衣打结所形成褶皱产生的暗部进一步加深、调整。新建图层，选择与底色相比明度较亮的颜色进行提亮，在牛仔裤缝纫线处的磨白部分，使用白色提亮。为加强牛仔服装的粗糙质感，将画面导入PS中，使用"套索工具"截取牛仔服装部分，点击"滤镜"，选择"杂色"，再选取"添加杂色"，将数值调到希望呈现的效果，注意需要勾选"单色"，最后点击"确定"即可（图6-72）。

（4）效果图4。

步骤一：打开SAI，新建画布，使用"铅笔"工具绘制草稿和线稿，重要的结构线偏粗，装饰线和褶皱线偏细。该图中的牛仔面料较为轻薄且柔软，使用的线条不需要太过硬挺，在衣摆处的褶皱较为密集（图6-73）。

步骤二：新建图层，选择"画笔"工具铺上对应的底色，确定合适的颜色（图6-74）。

步骤三：新建图层，选择"画笔"工具，使用"正片叠底"图层模式绘制阴影。注意面料的起伏变化，一边画一边进行调整。绘制过程中注意，不要过于注重细节而缺失块面感。在领口、袖口、口袋等位置都有褶皱设计，根据褶皱起伏变化绘制阴影颜色（图6-75）。

图6-69　牛仔面料女装效果图3步骤一

图6-70　牛仔面料女装效果图3步骤二

图6-71　牛仔面料女装效果图3步骤三

图6-72　牛仔面料女装效果图3步骤四

　　步骤四：新建图层，对面料褶皱产生的暗部进一步加深、调整，特别是缝纫线附近较为密集的褶皱，颜色偏深。新建图层，使用"画笔"工具，选择白色，对因缝纫线而产生的磨白部分进行提亮。牛仔面料还常见毛边和破洞的设计。新建图层，使用"勾线2"工具，选择白色，在牛仔服装上适当绘制，制造磨边效果。为了加强牛仔服装的粗糙质感，将画面导入PS中，使用"套索工具"截取牛仔服装部分，点击"滤镜"，选择"杂色"，再选取"添加杂色"，将数值调到希望呈现的效果，注意需要勾选"单色"，最后点击"确定"即可（图6-76）。

七、皮草面料

1.皮草面料的特征

　　皮草是指利用动物的皮毛所制成的服装，具有保暖的作用，皮草都较为美观并且价格较高，也是不少消费者的选择对象。狐狸、貂、貉子、獭兔和牛羊等毛皮兽，都是皮草原料的主要来源。皮草是冬季温暖又漂亮的御寒好物，毛茸茸的质感与奢华名贵的风格让女性更显优雅与时尚。

2.皮草面料女装效果图的绘制

　　（1）效果图1。

　　步骤一：打开SAI，新建画布，使用

图6-73 牛仔面料女装
效果图4步骤一

图6-74 牛仔面料女装
效果图4步骤二

图6-75 牛仔面料女装
效果图4步骤三

图6-76 牛仔面料女装
效果图4步骤四

"铅笔"工具绘制草稿和线稿,重要的结构线偏粗,装饰线和褶皱线偏细。该服装对于上半身部分的设计较为复杂,皮草轮廓以排线的方式表现,衣领手臂上的流苏、衣领衣袖上的圆点和腰部的绑带在绘制时注意前后顺序,避免杂乱(图6-77)。

步骤二:新建图层,选择"画笔"工具,铺上对应底色,服装整体颜色偏暗,避免出现亮丽的颜色(图6-78)。

步骤三:新建图层,选择"画笔"工具,使用"正片叠底"图层模式绘制阴影。注意面料的起伏变化,一边画一边进行调整。绘制过程中注意,不要过于注重细节而缺失块面感。皮草面料看似复杂,实则也离不开亮灰暗,只要找到正确的明暗关系在绘制时是较为简单的。在绘制皮草时,笔刷大小不宜过大,在暗面形状边缘处可进行不规则的排线,增强毛茸茸的质感(图6-79)。

步骤四:新建图层,对面料褶皱产生的暗部进一步加深、调整。用排线的方式表现皮草层层叠叠的效果。新建图层,选择与底色相比明度较亮的颜色进行提亮。使用卷曲的短线条提亮皮草尖端的部分,加强明暗对比(图6-80)。

(2)效果图2。

步骤一:打开SAI,新建画布,使用"铅笔"工具绘制草稿和线稿,重要的结构

图6-77 皮草面料女装
效果图1步骤一

图6-78 皮草面料女装
效果图1步骤二

图6-79 皮草面料女装
效果图1步骤三

图6-80 皮草面料女装
效果图1步骤四

线偏粗，装饰线和褶皱线偏细。帽子绘制
时，可使用卷曲的线条。羽绒马甲上菱形
图案可以微微勾勒出来。服装面料的厚度
也可适当表现出来（图6-81）。

步骤二：新建图层，选择"画笔"工
具，铺上对应底色。内搭部分可使用"勾
线2"画笔，缩小画笔尺寸，使用排线的方
式进行绘制（图6-82）。

步骤三：新建图层，选择"画笔"工
具，使用"正片叠底"图层模式绘制阴影。
注意面料的起伏变化，一边画一边进行调
整。绘制过程中注意，不要过于注重细节
而缺失块面感。在马甲绗缝线处进行加深，
使每块菱形都有立体感。帽子和堆袜可使
用"勾线2"笔刷，运用排线的方式，体现
毛茸茸的质感（图6-83）。

步骤四：新建图层，对马甲绗缝线处
进行少量加深，增强立体感。使用"涂抹"

工具，虚化帽子上和衣服上的笔触，制造
皮草毛茸茸的质感。新建图层，选择近乎
白色的颜色，在马甲中每块菱形的明暗交
界线处进行提亮（图6-84）。

（3）效果图3。

步骤一：打开SAI，新建画布，使用
"铅笔"工具绘制草稿和线稿，重要的结构
线偏粗，装饰线和褶皱线偏细。皮草外套
在绘制时，可使用排线的方式，注意线条
有长有短（图6-85）。

步骤二：新建图层，选择"画笔"工
具，铺上对应底色，服装整体为暖棕色
（图6-86）。

步骤三：新建图层，选择"画笔"工
具，使用"正片叠底"图层模式绘制阴影。
注意面料的起伏变化，一边画一边进行调
整。绘制过程中注意，不要过于注重细节
而缺失块面感（图6-87）。

图6-81 皮草面料女装
效果图2步骤一

图6-82 皮草面料女装
效果图2步骤二

图6-83 皮草面料女装
效果图2步骤三

图6-84 皮草面料女装
效果图2步骤四

步骤四：新建图层，使用"枯笔"笔刷，在皮草的边缘处从上向下画，强化皮草质感的体现。将画面导入Painter中，在裙子和靴子、包包上加入对应的花纹（图6-88）。

八、印花面料

1.印花面料的特征

当今时代，印花面料也很受普罗大众的欢迎。印花布的设计图案多样化，色彩丰富，视觉上美观大方。印花面料包括全棉印花面料、化纤染色面料、化纤印花面料、女装面料等一系列面料。

2.印花面料女装效果图的绘制

（1）效果图1。

步骤一：打开SAI，新建画布，使用"铅笔"工具绘制草稿和线稿，重要的结构线偏粗，装饰线和褶皱线偏细。注意上衣上花卉的细节绘制。上衣中牛仔面料的部分注意绘制缝纫线（图6-89）。

步骤二：新建图层，选择"画笔"工具，铺上对应底色，注意印花部分的颜色需与服装颜色相协调，不宜过于跳脱。服装整体较为简单，所以对模特头部的刻画也可较为复杂（图6-90）。

步骤三：新建图层，选择"画笔"工具，使用"正片叠底"图层模式绘制阴影。注意面料的起伏变化，一边画一边进行调

图6-85 皮草面料女装
效果图3步骤一

图6-86 皮草面料女装
效果图3步骤二

图6-87 皮草面料女装
效果图3步骤三

图6-88 皮草面料女装
效果图3步骤四

整。绘制过程中注意，不要过于注重细节
而缺失块面感（图6-91）。

步骤四：新建图层，对裙子褶皱产生
的暗部进一步加深、调整。新建图层，使
用黄色，降低透明度，在上衣牛仔面料位
置进行提亮，制造水洗效果。选择与底色
相比明度较亮的颜色对裙子进行少量的提
亮（图6-92）。

（2）效果图2。

步骤一：打开SAI，新建画布，使用
"铅笔"工具绘制草稿和线稿，重要的结构
线偏粗，装饰线和褶皱线偏细。注意上衣
外搭上和裙子上图案的层次关系，避免杂
乱，但使用的线条不宜过粗。内搭上衣较
为紧身，需要画出衣服包裹着皮肤的感觉
（图6-93）。

步骤二：新建图层，选择"画笔"工
具，铺上对应底色，由于服装印花图案
较为复杂，注意颜色整体协调性。皮
包为亮面材质，故在铺色时不需要铺
满，在正面位置进行留白以表现亮面质感
（图6-94）。

步骤三：新建图层，选择"画笔"工
具，使用"正片叠底"图层模式绘制阴影。
注意面料的起伏变化，一边画一边进行调
整。绘制过程中注意，不要过于注重细节
而缺失块面感。内搭上衣因包裹产生的褶
皱走向呈现横向，在绘制阴影时也以横向
为主。为避免服装印花部分的图案和阴影
的两者叠加变得复杂、杂乱，阴影部分只
需要轻轻带过，重点突出服装印花图案
（图6-95）。

图6-89　印花面料女
装效果图1步骤一

图6-90　印花面料女
装效果图1步骤二

图6-91　印花面料女
装效果图1步骤三

图6-92　印花面料女
装效果图1步骤四

步骤四：新建图层，对内搭上衣褶皱产生的暗部进一步加深、调整。新建图层，选择与内搭上衣底色相比明度较亮的颜色对内搭上衣进行提亮（图6-96）。

（3）效果图3。

步骤一：打开SAI，新建画布，使用"铅笔"工具绘制草稿和线稿，重要的结构线偏粗，装饰线和褶皱线偏细。注意，裙子上的褶皱线走向要符合身体动态。礼服以绸缎材质为主，垂坠感较好，所以线条应较为轻快（图6-97）。

步骤二：新建图层，选择"画笔"工具，铺上对应底色，确定颜色搭配（图6-98）。

步骤三：新建图层，选择"画笔"工具，使用"正片叠底"图层模式绘制阴影。注意面料的起伏变化，一边画一边进

行调整。绘制过程中注意，不要过于注重细节而缺失块面感。由于礼服具有一定的垂坠感，所以产生的褶皱以竖向为主（图6-99）。

步骤四：将画面导入Painter中，使用合适的笔刷在礼服上进行图案填充（图6-100）。

步骤五：返回SAI，新建图层，将荷叶边上的条纹图案绘制出（图6-101）。

（4）效果图4。

步骤一：打开SAI，新建画布，使用"铅笔"工具绘制草稿和线稿，重要的结构线偏粗，装饰线和褶皱线偏细。注意腰带上的金属装饰，不宜过于杂乱。袖口处的小部分图案点缀可用较细的线条描绘出（图6-102）。

图6-93 印花面料
女装效果图2步骤一

图6-94 印花面料
女装效果图2步骤二

图6-95 印花面料
女装效果图2步骤三

图6-96 印花面料
女装效果图2步骤四

    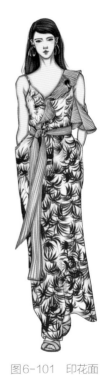

图6-97 印花面
料女装效果图3步
骤一

图6-98 印花面
料女装效果图3步
骤二

图6-99 印花面
料女装效果图3步
骤三

图6-100 印花面
料女装效果图3步
骤四

图6-101 印花面
料女装效果图3步
骤五

步骤三：新建图层，选择"画笔"工具，使用"正片叠底"图层模式绘制阴影。注意面料的起伏变化，一边画一边进行调整。绘制过程中注意，不要过于注重细节而缺失块面感。篮球服的面料一般以涤纶为主，产生的暗面相对较暗（图6-122）。

步骤四：新建图层，对面料褶皱产生的暗部以及皮肤颜色进一步加深、调整（图6-123）。

步骤五：新建图层，由于篮球服是涤纶材质，所以会形成较亮的反光。选择与底色相比明度较亮的颜色进行提亮。增加画面细节（图6-124）。

三、男装效果图3

步骤一：打开SAI，新建画布，使用"铅笔"工具绘制草稿和线稿，重要的结构线偏粗，装饰线和褶皱线偏细。注意衣服上的条纹装饰需要根据身体动态绘制。挎包上的链条注意穿插关系。由于服装为尼龙材质，所以产生的褶皱较多（图6-125）。

步骤二：新建图层，选择"画笔"工具，铺上对应底色，确定色彩关系（图6-126）。

步骤三：新建图层，选择"画笔"工具，使用"正片叠底"图层模式绘制阴影。注意面料的起伏变化，一边画一边进行调整。绘制过程中注意，不要过于注重细节而缺失块面感。服装的褶皱较多，在绘制阴影时需要把握暗部面积的大小，不宜过大。新建图层，对面料褶皱产生的暗部和皮肤颜色进一步加深、调整，增强立体度。增加画面细节，使画面更加精致（图6-127）。

图6-120 男装效果图2步骤一

图6-121 男装效果图2步骤二

图6-122 男装效果图2步骤三

图6-123 男装效果图2步骤四

图6-124 男装效
果图2步骤五

图6-125 男装效果
图3步骤一

图6-126 男装效果
图3步骤二

图6-127 男装效果
图3步骤三

四、男装效果图4

步骤一：打开SAI，新建画布，使用
"铅笔"工具绘制草稿和线稿，重要的结构
线偏粗，装饰线和褶皱线偏细。服装整体
风格较为休闲，垂坠感较好，所以线条在
绘制时应较为轻松（图6-128）。

步骤二：新建图层，选择"画笔"工
具，铺上对应底色，上衣颜色相对较多，
注意色彩搭配（图6-129）。

步骤三：新建图层，选择"画笔"工
具，使用"正片叠底"图层模式绘制阴影。
注意面料的起伏变化，一边画一边进行调
整。绘制过程中注意，不要过于注重细节
而缺失块面感。特别是裤子部分，因为垂
坠感极佳，且在脚口处进行了翻折，所以
产生的褶皱较多阴影面积较大（图6-130）。

步骤四：新建图层，对裤子褶皱产生
的暗部进一步加深、调整（图6-131）。

步骤五：增加配饰及衣服细节，使画
面更加精致（图6-132）。

五、男装效果图5

步骤一：打开SAI，新建画布，使用
"铅笔"工具绘制草稿和线稿，重要的结构
线偏粗，装饰线和褶皱线偏细。上衣外套
及单肩包均为尼龙材质，较为硬挺有型，
所使用的线条相对粗犷有力（图6-133）。

步骤二：新建图层，选择"画笔"工
具，铺上对应底色，服装整体饱和度较低，
注意颜色之间的搭配（图6-134）。

步骤三：新建图层，选择"画笔"工
具，使用"正片叠底"图层模式绘制阴影。

图6-128 男装
效果图4步骤一

图6-129 男装
效果图4步骤二

图6-130 男装
效果图4步骤三

图6-131 男装
效果图4步骤四

图6-132 男装
效果图4步骤五

注意面料的起伏变化，一边画一边进行调整。绘制过程中注意，不要过于注重细节而缺失块面感。皮肤颜色使用较红的颜色，增加血色。注意尼龙材质所产生的暗部较为规则且颜色较深（图6-135）。

步骤四：新建图层，对尼龙面料的暗部进一步加深、调整（图6-136）。

步骤五：新建图层，绘制裤子上条纹线条，注意要根据身体动态走向绘制。增加裤子上条纹图案，注意不宜使用过分鲜艳的颜色。增加服饰细节，使画面更加精致（图6-137）。

六、男装效果图6

步骤一：打开SAI，新建画布，使用"铅笔"工具绘制草稿和线稿，重要的结构线

偏粗，装饰线和褶皱线偏细。裤子因为模特行走动态及脚口翻折产生大量褶皱，在绘制时需要用较细的线条进行表现（图6-138）。

步骤二：新建图层，选择"画笔"工具，铺上对应底色（图6-139）。

步骤三：新建图层，选择"画笔"工具，使用"正片叠底"图层模式绘制阴影。注意面料的起伏变化，一边画一边进行调整。绘制过程中注意，不要过于注重细节而缺失块面感。外套及裤子为尼龙材质，所以产生的阴影颜色较深且形状规矩。内搭卫衣为大面积灰色，较为沉闷，在绘制阴影时，可使用偏紫色的颜色进行混色（图6-140）。

步骤四：新建图层，对尼龙材质的面料所产生的阴影进行加深，外套在卫衣上形成的阴影也需要进行加深（图6-141）。

步骤五：新建图层，选择与底色相比明度较亮的颜色对尼龙材质进行提亮。新建图层，绘制卫衣和袜子上的图案（图6-142）。

图6-133 男装效果图5步骤一　　图6-134 男装效果图5步骤二　　图6-135 男装效果图5步骤三　　图6-136 男装效果图5步骤四　　图6-137 男装效果图5步骤五

图6-138 男装效果图6步骤一　　图6-139 男装效果图6步骤二　　图6-140 男装效果图6步骤三　　图6-141 男装效果图6步骤四　　图6-142 男装效果图6步骤五

第三节
童装的表现

一、童装效果图1

步骤一：打开SAI，新建画布，使用"铅笔"工具绘制草稿和线稿，重要的结构线偏粗，装饰线和褶皱线偏细。与成人身材比例不同，儿童头部较大，身体较小，整体一般为5～6头身之间（图6-143）。

步骤二：新建图层，选择"画笔"工具，铺上对应底色，确定色彩搭配（图6-144）。

步骤三：新建图层，选择"画笔"工具，使用"正片叠底"图层模式绘制阴影。注意面料的起伏变化，一边画一边进行调整。绘制过程中注意，不要过于注重细节而缺失块面感（图6-145）。

步骤四：新建图层，对面料褶皱产生的暗部进一步加深、调整。在底色图层上新建图层，选择"剪辑蒙版"和"正片叠底"模式，使用"喷枪"工具，绘制裤子上的暗纹。增加细节，使画面更加精致（图6-146）。

二、童装效果图2

步骤一：打开SAI，新建画布，使用"铅笔"工具绘制草稿和线稿，重要的结构线偏粗，装饰线和褶皱线偏细。服装褶皱主要产生于模特行走动态，在绘制褶皱时，需要按照人体动态进行描绘。服装袖子处的条纹较粗，可用较细的线条描绘出（图6-147）。

步骤二：新建图层，选择"画笔"工具，铺上对应底色，确定颜色关系（图6-148）。

步骤三：新建图层，选择"画笔"工

图6-143 童装效果图1步骤一

图6-144 童装效果图1步骤二

图6-145 童装效果图1步骤三

图6-146 童装效果图1步骤四

具，使用"正片叠底"图层模式绘制阴影。注意面料的起伏变化，一边画一边进行调整。绘制过程中注意，不要过于注重细节而缺失块面感（图6-149）。

步骤四：新建图层，对面料褶皱产生的暗部进一步加深、调整。新建图层，选择与底色相比明度较亮的颜色对裤子进行提亮。完善T恤印花，使画面更加精致。将画面导入PS中，使用"套索"工具将裤子部分进行截取，使用"滤镜"中的"杂色"，增加面料肌理感（图6-150）。

三、童装效果图3

步骤一：打开SAI，新建画布，使用"铅笔"工具绘制草稿和线稿，重要的结构线偏粗，装饰线和褶皱线偏细。在绘制时

可将羽绒马甲上的褶皱用较细线条表现出（图6-151）。

步骤二：新建图层，选择"画笔"工具，铺上对应底色，确定颜色关系（图6-152）。

步骤三：新建图层，选择"画笔"工具，使用"正片叠底"图层模式绘制阴影。注意面料的起伏变化，一边画一边进行调整。绘制过程中注意，不要过于注重细节而缺失块面感。对羽绒马甲上绗缝线处周围进行加深（图6-153）。

步骤四：新建图层，对马甲绗缝线处的起伏变化产生的暗部进一步加深、调整。新建图层，选择与底色相比明度较亮的颜色进行提亮。羽绒马甲可用接近白色的颜色在明暗交接线处进行适度提亮。注意羽绒马甲上每个块面的亮灰暗比例（图6-154）。

图6-147 童装效果图2 步骤一　图6-148 童装效果图2 步骤二　图6-149 童装效果图2 步骤三　图6-150 童装效果图2 步骤四

图6-151　童装效果
图3步骤一

图6-152　童装效果
图3步骤二

图6-153　童装效果
图3步骤三

图6-154　童装效果
图3步骤四

四、童装效果图4

步骤一：打开SAI，新建画布，使用"铅笔"工具绘制草稿和线稿，重要的结构线偏粗，装饰线和褶皱线偏细。注意斜挎包以及背斜挎包衣服而产生的褶皱的表达（图6-155）。

步骤二：新建图层，选择"画笔"工具，铺上对应底色。该服装色彩较为鲜艳，注意颜色间的协调性（图6-156）。

步骤三：新建图层，选择"画笔"工具，使用"正片叠底"图层模式绘制阴影。注意面料的起伏变化，一边画一边进行调整。绘制过程中注意，不要过于注重细节而缺失块面感（图6-157）。

步骤四：新建图层，对面料褶皱产生的暗部进一步加深、调整。注意斜挎包所

产生的服装褶皱，投影颜色会更深一些。新建图层，选择与底色相比明度较亮的颜色进行提亮。为了使裤子颜色不那么沉闷，可用淡蓝色进行提亮（图6-158）。

五、童装效果图5

步骤一：打开SAI，新建画布，使用"铅笔"工具绘制草稿和线稿，重要的结构线偏粗，装饰线和褶皱线偏细。冲锋衣一般使用防水面料，较为硬挺，不易起褶，所以产生的褶皱较少，在绘制时应使用干脆利落的线条表达（图6-159）。

步骤二：新建图层，选择"画笔"工具，铺上对应底色。该服装色彩较鲜艳，注意与其他颜色的协调性（图6-160）。

步骤三：新建图层，选择"画笔"工

图6-155　童装效果　　　图6-156　童装效果　　　图6-157　童装效果　　　图6-158　童装效果
图4步骤一　　　　　　　图4步骤二　　　　　　　图4步骤三　　　　　　　图4步骤四

具，使用"正片叠底"图层模式绘制阴影。注意面料的起伏变化，一边画一边进行调整。绘制过程中注意，不要过于注重细节而缺失块面感。由于是防水面料，所以形成的暗部形状较规整，上色时不要犹豫，需一笔成型（图6-161）。

步骤四：新建图层，对面料褶皱产生的暗部进一步加深、调整。注意袖口和脚口处松紧带的明暗关系（图6-162）。

六、童装效果图6

步骤一：打开SAI，新建画布，使用"铅笔"工具绘制草稿和线稿，重要的结构线偏粗，装饰线和褶皱线偏细。西装面料产生的褶皱相对较少，所以在绘制时注意褶皱的数量（图6-163）。

步骤二：新建图层，选择"画笔"工具，铺上对应底色，西装为较鲜艳的蓝色，注意在选取颜色时，西装明度对整个画面协调性的影响（图6-164）。

步骤三：新建图层，选择"画笔"工具，使用"正片叠底"图层模式绘制阴影。注意面料的起伏变化，一边画一边进行调整。绘制过程中注意，不要过于注重细节而缺失块面感（图6-165）。

步骤四：新建图层，对面料褶皱产生的暗部进一步加深、调整（图6-166）。

七、童装效果图7

步骤一：打开SAI，新建画布，使用"铅笔"工具绘制草稿和线稿，重要的结构线偏粗，装饰线和褶皱线偏细。上衣材质

图6-159　童装效果图5
步骤一

图6-160　童装效果图5
步骤二

图6-161　童装效果图5
步骤三

图6-162　童装效果图5
步骤四

图6-163　童装效果图6
步骤一

图6-164　童装效果图6
步骤二

图6-165　童装效果图6
步骤三

图6-166　童装效果图6
步骤四

为绒面，较为厚实且柔软，在绘制线稿时，注意不要有过多细碎的线条。裙子为镭射面料，较为硬挺，同样也不宜有过多细碎的线条（图6-167）。

步骤二：新建图层，选择"画笔"工具，铺上对应底色，确定色彩关系（图6-168）。

步骤三：新建图层，选择"画笔"工具，使用"正片叠底"图层模式绘制阴影。注意面料的起伏变化，一边画一边进行调整。绘制过程中注意，不要过于注重细节而缺失块面感。帽子也要根据条纹所产生的阴影进行绘制（图6-169）。

步骤四：新建图层，对面料褶皱产生的暗部进一步加深、调整。新建图层，选择与底色相比明度较亮的颜色进行提亮。可以使用裙子亮部颜色，在裙子暗部以点的方式点缀；使用冷色，绘制裙子亮

部，增加镭射面料质感。完善对上衣外套的字母和金属装饰的刻画，画面更加精致（图6-170）。

八、童装效果图8

步骤一：打开SAI，新建画布，使用"铅笔"工具绘制草稿和线稿，重要的结构线偏粗，装饰线和褶皱线偏细。注意双肩包所产生的衣服褶皱走向（图6-171）。

步骤二：新建图层，选择"画笔"工具，铺上对应底色，确定色彩关系（图6-172）。

步骤三：新建图层，选择"画笔"工具，使用"正片叠底"图层模式绘制阴影。注意面料的起伏变化，一边画一边进行调整。绘制过程中注意，不要过于注重细节而缺失块面感。上衣外套具有一定的垂坠

图6-167 童装效果图7
步骤一

图6-168 童装效果图7
步骤二

图6-169 童装效果图7
步骤三

图6-170 童装效果图7
步骤四

性，衣身处的褶皱线条以拉链为支撑点由上向下，注意绘制的方向。而头部帽子因抽绳而产生的褶皱则按照由里到外扩张的方向进行绘制。注意还有裤子因为脚口的翻折而产生的褶皱（图6-173）。

步骤四：新建图层，对面料褶皱产生的暗部进一步加深、调整，特别是双肩包所产生的衣服阴影和上衣在裤子上所形成的投影颜色最暗（图6-174）。

九、童装效果图9

步骤一：打开SAI，新建画布，使用"铅笔"工具绘制草稿和线稿，重要的结构线偏粗，装饰线和褶皱线偏细。风衣的材质较为顺滑，所以在衣服上无太多琐碎的线条，产生的褶皱也相对较少（图6-175）。

步骤二：新建图层，选择"画笔"工具，铺上对应底色，上半身服装颜色较丰富，注意颜色间的搭配（图6-176）。

步骤三：新建图层，选择"画笔"工具，使用"正片叠底"图层模式绘制阴影。注意面料的起伏变化，一边画一边进行调整。绘制过程中注意，不要过于注重细节而缺失块面感（图6-177）。

步骤四：新建图层，对衣服间所产生的投影进一步加深、调整（图6-178）。

十、童装效果图10

步骤一：打开SAI，新建画布，使用"铅笔"工具绘制草稿和线稿，重要的结构线偏粗，装饰线和褶皱线偏细。注意风衣上缝纫线的绘制。裤子为束腿裤，裤子上所产生的褶皱最终都汇集于松紧带处，注意褶皱线条的表达（图6-179）。

步骤二：新建图层，选择"画笔"工具，铺上对应底色，上衣均为驼色，但有所区别，确定色彩关系（图6-180）。

步骤三：新建图层，选择"画笔"工

图6-171　童装效果图8
步骤一

图6-172　童装效果图8
步骤二

图6-173　童装效果图8
步骤三

图6-174　童装效果图8
步骤四

图6-175　童装效果
图9步骤一

图6-176　童装效果
图9步骤二

图6-177　童装效果
图9步骤三

图6-178　童装效果
图9步骤四

具，使用"正片叠底"图层模式绘制阴影。注意面料的起伏变化，一边画一边进行调整。绘制过程中注意，不要过于注重细节而缺失块面感。裤子上的暗部走向需要与线稿褶皱的走向相呼应。风衣上暗部颜色不宜过深（图6-181）。

步骤四：新建图层，对面料褶皱产生的暗部进一步加深、调整。新建图层，选择与底色相比明度较亮的颜色进行提亮。可以使用冷色，对风衣外套进行再一次提亮，起到区别内搭卫衣与风衣间材质的作用（图6-182）。

十一、童装效果图11

步骤一：打开SAI，新建画布，使用"铅笔"工具绘制草稿和线稿，重要的结构线偏粗，装饰线和褶皱线偏细。注意袖口和裤子褶皱线的绘制（图6-183）。

步骤二：新建图层，选择"画笔"工

具，铺上对应底色。上衣颜色较为鲜艳且多样，注意各个色彩间的颜色协调性（图6-184）。

步骤三：新建图层，选择"画笔"工具，使用"正片叠底"图层模式绘制阴影。注意面料的起伏变化，一边画一边进行调整。绘制过程中注意，不要过于注重细节而缺失块面感。注意袖口处的螺纹部分也需要体积感刻画（图6-185）。

步骤四：新建图层，对面料褶皱产生的暗部进一步加深、调整。完善衣服上的图案装饰，使画面更加精致（图6-186）。

十二、童装效果图12

步骤一：打开SAI，新建画布，使用"铅笔"工具绘制草稿和线稿，重要的结构线偏粗，装饰线和褶皱线偏细。卫衣较为厚实且挺括感较好，所产生的褶皱较少（图6-187）。

图6-179 童装效果
图10步骤一

图6-180 童装效果
图10步骤二

图6-181 童装效果
图10步骤三

图6-182 童装效果
图10步骤四

图6-183 童装效果
图11步骤一

图6-184 童装效果
图11步骤二

图6-185 童装效果
图11步骤三

图6-186 童装效果
图11步骤四

步骤二：新建图层，选择"画笔"工具，铺上对应底色，确定色彩关系（图6-188）。

步骤三：新建图层，选择"画笔"工具，使用"正片叠底"图层模式绘制阴影。注意面料的起伏变化，一边画一边进行调整。绘制过程中注意，不要过于注重细节而缺失块面感（图6-189）。

步骤四：新建图层，对面料褶皱产生的暗部进一步加深、调整。注意斜挎包所产生的衣服褶皱，投影颜色会更深一些。新建图层，选择与底色相比明度较亮的颜色在明暗交界处进行少部分提亮。根据裤子的起伏变化，绘制裤子上的图案（图6-190）。

十三、童装效果图13

步骤一：打开SAI，新建画布，使用"铅笔"工具绘制草稿和线稿，重要的结构线偏粗，装饰线和褶皱线偏细。裤子部分用排线的方式进行绘制，体现其毛茸茸的质感（图6-191）。

步骤二：新建图层，选择"画笔"工具，铺上对应底色。服装整体颜色为黄色，但要注意两个黄色间的色彩搭配（图6-192）。

步骤三：新建图层，选择"画笔"工

具，使用"正片叠底"图层模式绘制阴影。注意面料的起伏变化，一边画一边进行调整。绘制过程中注意，不要过于注重细节而缺失块面感。裤子的暗部也使用排线的方式进行绘制，注意排线的线条以头实尾虚的拖曳画法进行表现（图6-193）。

步骤四：新建图层，对面料褶皱产生的暗部进一步加深、调整。新建图层，选择与底色相比明度较亮的颜色进行提亮。完善卫衣图案（图6-194）。

十四、童装效果图14

步骤一：打开SAI，新建画布，使用"铅笔"工具绘制草稿和线稿，重要的结构线偏粗，装饰线和褶皱线偏细（图6-195）。

步骤二：新建图层，选择"画笔"工具，铺上对应底色，特别是风衣的红色和背包的红色两者相类似，但需要区分开来（图6-196）。

图6-187　童装效果图12步骤一

图6-188　童装效果图12步骤二

图6-189　童装效果图12步骤三

图6-190　童装效果图12步骤四

图6-191　童装效果
图13步骤一

图6-192　童装效果
图13步骤二

图6-193　童装效果
图13步骤三

图6-194　童装效果
图13步骤四

步骤三：新建图层，选择"画笔"工具，使用"正片叠底"图层模式绘制阴影。注意面料的起伏变化，一边画一边进行调整。绘制过程中注意，不要过于注重细节而缺失块面感。服装整体颜色为淡色系，所需的阴影颜色不宜过重（图6-197）。

步骤四：新建图层，加深包与风衣间产生的褶皱暗部。新建图层，选择与底色相比明度较亮的颜色进行提亮。新建图层，绘制裤子上的格纹，注意要根据身体动态走向进行绘制（图6-198）。

图6-195　童装效果
图14步骤一

图6-196　童装效果
图14步骤二

图6-197　童装效果
图14步骤三

图6-198　童装效果
图14步骤四

十五、童装效果图15

步骤一：打开SAI，新建画布，使用"铅笔"工具绘制草稿和线稿，重要的结构线偏粗，装饰线和褶皱线偏细。服装整体以轻薄飘逸的面料为主，所产生的褶皱较多（图6-199）。

步骤二：新建图层，选择"画笔"工具，铺上对应底色。服装颜色以冷暖两色进行碰撞，需要注意两者色彩协调性（图6-200）。

步骤三：新建图层，选择"画笔"工具，使用"正片叠底"图层模式绘制阴影。注意面料的起伏变化，一边画一边进行调整。绘制过程中注意，不要过于注重细节而缺失块面感。红色裙子的暗面以排线的方式为主。新建图层，对面料褶皱产生的暗部进一步加深、调整。新建图层，选择与底色相比明度较亮的颜色进行提亮（图6-201）。

步骤四：绘制服装上的图案。裙子上可用"马克笔"工具进行点缀，增强服装的肌理感（图6-202）。

图6-199 童装效果图15 步骤一　　图6-200 童装效果图15 步骤二　　图6-201 童装效果图15 步骤三　　图6-202 童装效果图15 步骤四

参考文献

[1] 黄春岚，胡艳丽.服装效果图技法［M］.北京：中国纺织出版社，2015.

[2] 刘元风，吴波.服装效果图技法［M］.武汉：湖北美术出版社，2001.

[3] 王悦.时装画技法［M］.上海：东华大学出版社，2010.

[4] 刘红，刘阳.服装画技法［M］.北京：北京理工大学出版社，2016.

[5] 蔡凌霄.手绘时装画表现技法［M］.南昌：江西美术出版社，2010.

[6] 张宏，陆乐.服装画技法［M］.北京：中国纺织出版社，1997.

[7] 肖军，陈建辉.服装画技法教程［M］.北京：中国纺织出版社，1998.

[8] 科珀.美国时装画技法：灵感·设计［M］.孙雪飞，译.北京：中国纺织出版社，2012.

[9] 杨媛.Painte绘画技法［M］.上海：上海交通大学出版社，2013.

[10] 苏琼英，李俭，李学.商业插画技法［M］.重庆：重庆大学出版社，2008.

[11] 王浙.时装画人体资料大全［M］.上海：上海人民美术出版社，2008.

[12] 殷薇，陈东生.服装画技法［M］.上海：东华大学出版社，2016.